二级建造师继续教育系列教材

装配式建筑技术与管理

主　　编　王东升　徐培蓁
副 主 编　江伟帅　李玉琳
参编人员　刘振杰　李　磊　丁　菁
　　　　　王玉文　戎丹萍

中国矿业大学出版社
·徐州·

内 容 提 要

为贯彻落实《装配式混凝土建筑技术标准》《装配式钢结构建筑技术标准》《装配式木结构建筑技术标准》,更好地指导二级建造师继续教育,并提高二级建造师执业能力,我们组织编写了本书。本书主要内容包括:装配式建筑发展背景及概况、装配式建筑发展现状及展望、装配式混凝土结构体系、装配式混凝土结构预制构件生产技术及工艺、装配式混凝土结构施工技术、装配式建筑的构件质量监控和施工验收、装配式建筑现场安全管理、BIM 技术在装配式建筑中的应用和装配式建筑案例分析。

本书可作为二级建造师继续教育用书,也可供职业技术院校和建筑领域相关专业人员参考使用。

图书在版编目(CIP)数据

装配式建筑技术与管理/王东升,徐培蓁主编. —徐州:中国矿业大学出版社,2019.10
ISBN 978-7-5646-0754-8

Ⅰ.①装… Ⅱ.①王… ②徐… Ⅲ.①装配式构件 Ⅳ.①TU3

中国版本图书馆 CIP 数据核字(2019)第 194161 号

书　　名	装配式建筑技术与管理
主　　编	王东升　徐培蓁
责任编辑	满建康
出版发行	中国矿业大学出版社有限责任公司
	(江苏省徐州市解放南路　邮编 221008)
营销热线	(0516)83884103　83885105
出版服务	(0516)83995789　83884920
网　　址	http://www.cumtp.com　E-mail:cumtpvip@cumtp.com
印　　刷	日照报业印刷有限公司
开　　本	787 mm×1092 mm　1/16　印张 8.5　字数 212 千字
版次印次	2019 年 10 月第 1 版　2019 年 10 月第 1 次印刷
定　　价	35.00 元

(图书出现印装质量问题,本社负责调换)

出版说明

为了加强建设工程项目管理,提高工程项目总承包及施工管理专业技术人员素质,规范施工管理行为,保证工程质量和施工安全,根据《中华人民共和国建筑法》《建设工程质量管理条例》《建设工程安全生产管理条例》和国家有关执业资格考试制度的规定,2002年中华人民共和国人事部和建设部联合颁发了《建造师执业资格制度暂行规定》(人发〔2002〕111号),对从事建设工程项目总承包及施工管理的专业技术人员实行建造师执业资格制度。

注册建造师是以专业技术为依托、以工程项目管理为主业的注册执业人士。依据中华人民共和国住房和城乡建设部令第32号修订的《注册建造师管理规定》(自2016年10月20日起施行),按规定参加继续教育是注册建造师应履行的义务,也是申请延续注册的必要条件。注册建造师应通过继续教育,掌握工程建设相关法律法规、标准规范,增强职业道德和诚信守法意识,熟悉工程建设项目管理新方法、新技术,总结工作中的经验教训,不断提高综合素质和执业能力。

根据《山东省二级建造师继续教育管理暂行办法》,受山东省建设执业资格注册中心委托,本编委会组织具有较高理论水平和丰富实践经验的专家、学者,编写了"二级建造师继续教育系列教材"。在编纂过程中,我们坚持"以提高综合素质和执业能力为基础,以工程实例内容为主导"的编写原则,突出系统性、针对性、实践性和前瞻性,体现建设行业发展的新常态、新法规、新技术、新工艺、新材料等内容。本套教材共15册,分别为《建设工程新法律法规与案例分析》《建设工程质量管理》《建设工程信息化技术实务》《建筑工程新技术概论》《建设工程项目管理理论与实务》《工程建设标准强制性条文选编》《装配式建筑技术与管理》《城市轨道交通建造技术与案例》《城市桥梁建造技术与案例》《城市管道工程》《城市道路工程施工质量与安全管理》《安装工程新技术》《建筑机电工程新技术及应用》《智慧工地与绿色施工技术》《信息化技术在建筑电气施工中的应用》。本套教材既可作为二级建造师继续教育用书,也可作为建设单位、施工单位和建设类大中专院校的教学及参考用书。

本套教材的编写得到了山东省住房和城乡建设厅、清华大学、中国海洋大学、山东大学、山东建筑大学、青岛理工大学、山东交通学院、山东中英国际工程图书有限公司、山东中英国际建筑工程技术有限公司、中国矿业大学出版社等单位的大力支持,在此表示衷心的感谢。

本套教材虽经反复推敲,仍难免有疏漏之处,恳请广大读者提出宝贵意见。

二级建造师继续教育系列教材编委会

2019年8月

前　言

建筑业是国民经济的基础产业和支柱产业。随着经济的快速发展,建筑工业化已成为建筑业的趋势,这对我国建筑业的改革和发展提出了新的要求。为牢固树立和贯彻落实创新、协调、绿色、开放、共享的发展理念,国务院相继发布了《关于大力发展装配式建筑的指导意见》和《关于促进建筑业持续健康发展的意见》,提出了装配式建筑发展的方向和目标,即大力发展装配式混凝土和钢结构建筑,在具备条件的地方倡导发展现代木结构建筑,不断提高装配式建筑在新建建筑中的比例,力争用10年左右的时间,使装配式建筑占新建建筑面积的比例达到30%。

装配式建筑是指系统性地集成应用各类预制的建筑及结构构件、配件、部品等,通过标准化系统集成设计、精密的几何尺寸偏差控制与高效可靠的节点连接和施工方法,实现工厂精益加工、现场机械化装配,并采取土建结构、机电安装和装修一体化的方式建设的建筑。在国家明确发展装配式建筑、推动新型建筑工业化的号召下,社会各界高度关注装配式建筑,积极推动了我国装配式建筑的进一步发展。

本书的编写旨在贯彻落实《装配式混凝土建筑技术标准》《装配式钢结构建筑技术标准》《装配式木结构建筑技术标准》,更好地指导二级建造师继续教育,并提高二级建造师的执业能力。

本书第一、第二章主要介绍了装配式建筑的发展背景、现状和展望;第三章至第六章主要介绍了装配式建筑产业中涉及的技术与工艺;第七章介绍了装配式建筑的现场安全管理;第八章介绍了BIM技术在装配式建筑中的应用;第九章对装配式建筑施工技术具体案例进行了分析。

限于编者学识和实践经验,书中难免存在着不足之处,恳请读者批评指正。

编者

2019年9月

目　录

第一章　装配式建筑发展背景及概况 ··· 1
　　第一节　装配式建筑发展背景 ··· 1
　　第二节　装配式建筑概况 ··· 2

第二章　装配式建筑发展现状及展望 ··· 7
　　第一节　发达国家装配式建筑发展概况 ··· 7
　　第二节　我国装配式建筑的发展现状及展望 ································· 10

第三章　装配式混凝土结构体系 ·· 12
　　第一节　装配式混凝土框架结构技术 ·· 12
　　第二节　装配式混凝土剪力墙结构技术 ······································· 15

第四章　装配式混凝土结构预制构件生产技术及工艺 ··························· 18
　　第一节　模具加工 ··· 18
　　第二节　预制混凝土内预埋件设计 ··· 20
　　第三节　构件厂内运输措施 ·· 21
　　第四节　预制预应力混凝土构件技术要求 ··································· 22
　　第五节　预制构件工厂化生产加工技术 ······································· 23

第五章　装配式混凝土结构施工技术 ··· 25
　　第一节　混凝土叠合楼板技术 ··· 25
　　第二节　预制混凝土外墙挂板技术 ··· 28
　　第三节　夹芯保温墙板技术 ·· 34
　　第四节　叠合剪力墙结构技术 ··· 38
　　第五节　钢筋套筒灌浆连接技术 ·· 42
　　第六节　装配式混凝土结构建筑信息模型技术 ···························· 46

第六章　装配式建筑的构件质量监控和施工验收 ································· 50
　　第一节　预制构件生产过程监控 ·· 50
　　第二节　预制构件进场质量监控 ·· 54
　　第三节　构件安装质量控制 ·· 55
　　第四节　装配施工验收 ·· 57

第七章　装配式建筑现场安全管理 ·· 62
　　第一节　预制构件运输、存放安全管理 ·· 62
　　第二节　预制构件吊运、安装安全管理 ·· 64
　　第三节　临时设施及高处作业防护 ·· 68

第八章　BIM 技术在装配式建筑中的应用 ·· 71
　　第一节　BIM 技术概述 ·· 71
　　第二节　BIM 技术在建筑设计阶段的应用 ···································· 72
　　第三节　BIM 技术在构件制造中的应用 ······································ 74
　　第四节　BIM 技术在建筑施工阶段的应用 ···································· 75
　　第五节　BIM 技术在建筑运营阶段的应用 ···································· 78

第九章　装配式建筑案例分析 ·· 79
　　第一节　装配式剪力墙结构案例分析 ·· 79
　　第二节　装配式框架-剪力墙结构案例分析 ···································· 90
　　第三节　预制构件工厂化生产案例分析 ·· 102
　　第四节　混凝土叠合板案例分析 ·· 106
　　第五节　预制混凝土外墙挂板案例分析 ·· 113
　　第六节　夹芯保温墙板案例分析 ·· 118
　　第七节　叠合板结构案例分析 ·· 119
　　第八节　钢筋套筒灌浆连接案例分析 ·· 121

参考文献 ·· 126

第一章 装配式建筑发展背景及概况

建筑是一种供人们日常生活及活动的空间。在传统的观念中,建筑是在工地上建造起来的。随着建筑业的转型升级和建筑产业现代化发展的需要,人们要转变对建筑生产的认识——建筑可以从工厂中生产(制造)出来,这种建筑就是装配式建筑。

第一节 装配式建筑发展背景

1959年,我国引入苏联薄壁深梁式大板建筑,形成了最早的成规模的工业化建筑。此后,我国主要推广装配式大板建筑。20世纪80年代末,随着商品混凝土的兴起、大批劳动力向城市涌入以及技术、设备的发展等,原有的预制构件失去优势。20世纪90年代初,装配式建筑在我国基本消失。进入21世纪后,装配式建筑的优点重新得到重视,我国的装配式建筑重获发展。2014年10月1日,《装配式混凝土结构技术规程》(JGJ 1—2014)正式实施,该技术规程是装配式混凝土领域的一个标志性的技术规范。2015年8月27日,住房和城乡建设部、国家质量监督检验检疫总局发布了《工业化建筑评价标准》(GB/T 51129—2015),同时决定于2016年全面推行装配式建筑,推动装配式建筑取得突破性进展。2016年国务院《政府工作报告》提出要大力发展钢结构和装配式建筑,加快标准化建设,提高建筑技术水平和工程质量。2016年7月5日,住房和城乡建设部发布的《关于印发2016年科学技术项目计划装配式建筑科技示范项目的通知》(建科〔2016〕137号)指出,为充分发挥示范项目引领带动作用,大力推动装配式建筑及部品部件生产发展,住房和城乡建设部编制了《住房城乡建设部2016年科学技术项目计划——装配式建筑科技示范项目》。2016年9月14日召开的国务院常务会议,决定大力发展装配式建筑,推动产业结构调整升级。2016年9月27日发布实施的《关于大力发展装配式建筑的指导意见》(国办发〔2016〕71号)要求因地制宜发展装配式混凝土结构、钢结构和现代木结构等装配式建筑,力争用10年左右的时间,使装配式建筑占新建建筑面积的比例达到30%。2017年3月23日,为全面推进装配式建筑发展,住房和城乡建设部印发《"十三五"装配式建筑行动方案》《装配式建筑示范城市管理办法》《装配式建筑产业基地管理办法》。其中,《"十三五"装配式建筑行动方案》明确提出:到2020年,全国装配式建筑占新建建筑的比例达到15%以上,其中重点推进地区达到20%以上,积极推进地区达到15%以上,鼓励推进地区达到10%以上。到2020年,培育50个以上装配式建筑示范城市,200个以上装配式建筑产业基地,500个以上装配式建筑示范工程,建设30个以上装配式建筑科技创新基地,充分发挥示范引领和带动作用。根据前瞻产业研究院发布的《2018—2023年中国装配式建筑行业市场前瞻与投资规划深度分析报告》,截至2018年1月,我国已经有30多个省市地区就装配式建筑的发展给出了相关的指导意见以及配套的措施,其中22个省份均已制定装配式建筑规模阶段性目标,并陆续出台具体细化的地方性装配式建筑政策扶持行业发展。

第二节 装配式建筑概况

一、装配式建筑的形成与发展

装配式建筑在我国源远流长。追根溯源,我国传统建筑基本都是木结构建筑,而木结构建筑就是装配式建筑的起源。我国木结构建筑建造时的场地分为构件制作场地(工厂)和建筑装配场地(工地)。所有建筑构件都在工厂制作,当构件制作完成后,将构件运到施工现场进行装配。装配前,先建好一个台基(施工现场),然后在台基上进行建筑的装配。我国木结构建筑在构件设计制作时与现代装配式建筑设计理念不谋而合,即集建筑、结构、装饰为一体的集成化设计。

国外装配式建筑的起源,可以追溯到古埃及的金字塔。古埃及的金字塔由石料构成,修建时先对原生石料进行人工加工,制成金字塔的石料构件(长、宽、高尺寸不同的构件),然后在选定的地方(场地)进行装配,最后形成完整的金字塔建筑。

现代装配式建筑起源于17世纪美洲移民时期所用的木构架拼装房屋,这种房屋就是一种装配式建筑。1851年,在伦敦建成的用铁骨架嵌玻璃的水晶宫是世界上第一座大型装配式建筑。第二次世界大战后,欧洲的一些国家以及日本等迫切需要解决居民住房问题,这促进了装配式建筑的发展。在我国,人们从20世纪50年代起开始逐渐认识和了解装配式建筑,并于60年代初开始初步研究装配式建筑的施工方法,使得在行业内形成了一种新兴的建筑体系,但由于在建筑设计、施工管理研究上存在局限性,导致装配式建筑在我国的推广应用较为缓慢。

二、装配式建筑的特点

与传统结构体系建筑相比,装配式建筑具有以下鲜明的特点。

1. 设计多样化

当前,很多居住建筑承重墙较多,存在分隔多、开间小的问题,这样很难对房屋内部空间进行有效分隔,导致空间浪费严重。而装配式建筑对房屋的分隔比较灵活,房屋内部空间更加多样化。装配式建筑以轻质隔墙为主,采用钢龙骨和石膏板作为轻质隔墙材料,使建筑内部设计更加灵活。

2. 功能科技化

与传统建筑相比,装配式建筑具备节能、隔声、防火、抗震的优势。① 装配式建筑在外墙设置保温层,有利于节约能源,减少暖气及空调能耗损失。② 保温层的设置使外墙具备较好的吸声功能,有效避免外部噪声污染。③ 装配式建筑材料具备无燃性特征,能够消除火灾隐患。④ 因装配式建筑材料之间可充分连接,从而具备良好的抗震效果。此外,与传统建筑不同的是装配式建筑外观简洁,不存在墙体变形、裂缝等问题。

3. 生产工厂化

装配式建筑外墙板采用模具生产方法,经喷涂、烘烤之后,更加美观。塑钢门窗生产工艺较为先进,各类构件都实现了机械化生产。石膏板、涂料等室内材料采用流水线方式生产,其生产过程较灵活,可依据实际需求对材料保温、防火、隔声等性能进行调控。

4. 施工装配化

各类构件完成生产后,运到施工场地,由专业人员对其进行安装和拼接。与传统建筑工程施工相比,装配式建筑工程施工过程简单,减少了不必要的施工工序,且施工过程中的污染相对较少。装配过程中,不需要耗费大量的人力和物力资源,操作过程简单,满足节能减排要求。同时,各工序安装过程极为严格,安装质量及精度要求高,能够减少不必要的浪费,从而实现以最少的资金创造出最大的工程价值。

三、装配式建筑的分类

建筑按照用途不同分为住宅、商业、机关、学校和工厂厂房等,按照建筑高度可分为低层、多层、中高层、高层和超高层。装配式建筑的建造过程是先由工厂生产所需要的建筑构件,再将构件组装完成整个建筑的建造。装配式建筑一般按建筑的结构体系和构件的材料来分类。

（一）按建筑的结构体系分类

1. 砌块建筑

砌块建筑是用预制的块状材料砌成墙体的装配式建筑,一般为3～5层,如提高砌块强度或配置钢筋,建造层数可适当增加。砌块建筑适应性强,生产工艺简单,施工简便,造价较低,可利用地方材料和工业废料。建筑砌块有小型、中型和大型之分:小型砌块适于人工搬运和砌筑工业化程度较低的场合,灵活方便,使用范围较广;中型砌块可用小型机械吊装,节省砌筑劳动力;大型砌块现已被预制大型板材代替。砌块有实心和空心两类,实心砌块一般采用轻质材料制成。砌块的接缝是决定砌体强度的重要环节,接缝一般采用水泥砂浆砌筑。小型砌块还可用套接而不用砂浆的干砌法。有的砌块表面经过处理后可做清水墙。

2. 板材建筑

板材建筑由工厂预制生产的大型内外墙板、楼板和屋面板等板材装配而成,又称大板建筑。它是工业化体系建筑中全装配式建筑的主要类型。板材装配可以减轻结构质量,提高劳动生产率,扩大建筑的使用面积和提升建筑的抗震能力。板材建筑的内墙板多为钢筋混凝土的实心板或空心板,外墙板多为带有保温层的钢筋混凝土复合板,也可采用轻骨料混凝土、泡沫混凝土或大孔混凝土等制成带有外饰面的墙板。板材建筑内的设备常采用集中的室内管道配件或盒式卫生间等,以提高装配化的程度。板材建筑的关键问题是节点设计,并在结构上应保证构件连接的整体性（板材之间的连接方法主要有焊接、螺栓连接和后浇混凝土整体连接）。在构造上要解决外墙板接缝的防水问题以及楼缝、角部的热工处理等问题。板材建筑的主要缺点是制约了建筑物的造型和布局,小开间横向承重的板材建筑内部分隔缺少灵活性（纵墙式、内柱式和大跨度楼板式建筑的内部可灵活分隔）。

3. 盒式建筑

盒式建筑也称集装箱式建筑,是在板材建筑的基础上发展起来的一种装配式建筑。这种建筑工厂化的程度很高,现场安装速度快。盒式建筑一般在工厂完成其结构部分,同时其内部装修和设备也在工厂安装,甚至家具、地毯等都可在工厂安装齐全。盒式建筑经吊装完成、接好管线后即可使用。盒式建筑的装配形式有以下4种。

① 全盒式:完全由承重盒子重叠组成建筑。

② 板材盒式：将小开间的厨房、卫生间或楼梯间等做成承重盒子，再用墙板和楼板等组成建筑。

③ 核心体盒式：以承重的卫生间盒子作为核心体，四周再用楼板、墙板或骨架组成建筑。

④ 骨架盒式：用轻质材料制成许多住宅单元或单间式盒子，将其支撑在承重骨架上形成建筑。

盒式建筑工业化程度较高，但投资大、运输不便，且需要使用重型吊装设备，因此发展受到一定的限制。

4. 骨架板材建筑

骨架板材建筑由预制的骨架和板材组成，其承重结构一般有两种形式：一种是由柱、梁组成承重框架，再搁置楼板和非承重的内外墙板的钢筋混凝土框架结构体系；另一种是由柱和楼板组成承重的板柱结构体系，内外墙板是非承重的。其承重骨架一般多为重型的钢筋混凝土结构，也有采用钢和木做成骨架和板材组合，常用于轻型装配式建筑中。骨架板材建筑结构合理，可以减轻建筑物的自重，内部分隔灵活，适用于多层和高层建筑。

钢筋混凝土框架结构体系的骨架板材建筑有全装配式和预制与现浇相结合的装配整体式两种。构件连接是保证这类建筑的结构具有足够的刚度和整体性的关键。柱与基础、柱与梁、梁与梁、梁与板等的节点连接，应根据结构需要和施工条件，通过计算进行设计和选择。节点连接的方法，常见的有榫接法、焊接法、牛腿搁置法和留筋现浇成整体的叠合法等。

板柱结构体系的骨架板材建筑是方形或接近方形的预制楼板同预制柱子组合的结构系统。其楼板多数采用四角支在柱子上的形式；还有在楼板接缝处留槽，从柱子预留孔中穿钢筋，张拉后灌混凝土的形式。

5. 升板和升层建筑

升板和升层建筑的结构由板与柱联合承重。这种建筑在底层混凝土地面上重复浇筑各层楼板和屋面板，竖立预制钢筋混凝土柱子，并以柱为导杆，用放在柱子上的油压千斤顶将楼板和屋面板提升到设计高度后加以固定。外墙可用砖墙、砌块墙、预制外墙板、轻质组合墙板或幕墙等；还可以在提升楼板时提升滑动模板、浇筑外墙。升板建筑施工时大型操作在地面进行，以减少高空作业和垂直运输，节约模板和脚手架，并可减少施工现场占用面积。升板建筑多采用无梁楼板或双向密肋楼板，楼板同柱子连接节点常采用后浇柱帽或承重销、剪力块等无柱帽节点。升板建筑一般柱距较大，楼板承载力也较强，适用于商场、仓库、工厂和多层车库等。

升层建筑是升板建筑每层的楼板在地面时先安装好内外预制墙体并一起提升的建筑。升层建筑可以加快施工速度，适用于场地受限制的地方。

（二）按构件的材料分类

由于建筑构件的材料不同，由其组装的建筑也不同，且建筑结构对材料的要求较高，因此，可以按建筑构件的材料对装配式建筑进行分类，也就是按建筑结构分类。

1. 预制混凝土（PC）结构

PC结构是钢筋混凝土结构的总称，通常把钢筋混凝土预制构件称为PC构件。PC结构按结构承重方式分为剪力墙结构和框架结构。

（1）剪力墙结构

剪力墙结构采用板构件,作为承重构件的是剪力墙墙板,作为受弯构件的则是楼板。目前,装配式建筑构件生产工厂的生产线多数用于生产板构件。构件装配施工时以吊装为主,吊装后再处理构件之间的连接构造问题。

(2) 框架结构

框架结构的柱、梁、板构件是分开生产的,可以用更换模具的方式在一条生产线上进行生产,生产的构件是单独的柱、梁和板构件。框架结构的墙体可以由另外的生产线生产,与剪力墙结构一样,框架结构装配施工时先对构件进行吊装,然后再处理构件之间的连接构造问题,最后再组装墙板。

2. 预制集装箱结构

集装箱结构的材料主要是混凝土,一般是根据建筑的需求,用混凝土做成建筑的部件(如按房间类型分为客厅、卧室、卫生间、厨房、书房和阳台等)。一个部件就是一个房间,相当于一个集成的箱体(类似集装箱),组装时对各个部件进行吊装组合即可。集装箱结构的材料不仅仅限于混凝土,如日本早期装配式建筑集装箱结构用的是高强度塑料,这种材料的缺点是防火性能差。

3. 预制钢结构

预制钢结构采用钢材作为构件的主要材料,外加楼板、墙板及楼梯组装成建筑。预制钢结构分为全钢(型钢)结构和轻钢结构。全钢结构采用型钢作为构件的主要材料,有较高的承载力,可以装配高层建筑;轻钢结构以薄壁钢材作为构件的主要材料,内嵌轻质墙板,一般装配多层建筑或小型别墅建筑。

(1) 全钢结构

全钢结构的截面一般较大,要求有较高的承载力,可采用工字钢、L形钢或T形钢。根据结构设计的要求,在特有的生产线上生产柱、梁和楼梯等构件,然后将生产好的构件运到施工工地进行装配。装配时,构件的连接可以是锚固(加腹板和螺栓),也可以采用焊接。

(2) 轻钢结构

轻钢结构一般采用截面较小的轻质槽钢,槽的宽度由结构设计确定。轻质槽钢截面小,壁一般较薄,在槽内装配轻质板材作为轻钢结构的整体板材,施工时再进行整体装配。由于轻钢结构施工采用螺栓连接,施工快、工期短、便于拆卸,加上装饰工程造价一般为 1 500~2 000 元/m^2,市场前景较好。

4. 预制木结构

预制木结构装配式建筑全部采用木材,建筑所需的柱、梁、板、墙、楼梯构件都用木材制造,然后进行装配。木结构装配式建筑具有良好的抗震性能和环保性能,在木材资源丰富的国家很受人们的欢迎,例如德国、俄罗斯等有大量的木结构装配式建筑。

综上所述,装配式建筑结构按构件的材料分类如图1-1所示。

预制装配式建筑结构由预制构件在现场装配而成,具有施工速度快、制作精良、施工简单、湿作业少、节能降耗等优点,有利于建筑工业化和住宅产业化的发展。由于预制构件之间存在大量连接缝,因此装配式建筑结构的节点连接问题成为装配式结构可靠与否的关键。

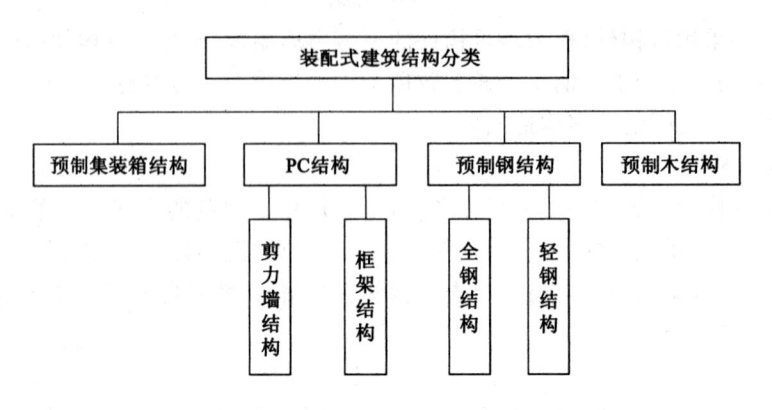

```
                        装配式建筑结构分类
                               │
         ┌─────────────┬───────┴───────┬─────────────┐
    预制集装箱结构      PC结构         预制钢结构      预制木结构
                    ┌───┴───┐      ┌───┴───┐
                  剪力墙    框架     全钢    轻钢
                  结构      结构     结构    结构
```

图 1-1　装配式建筑结构分类

第二章 装配式建筑发展现状及展望

第一节 发达国家装配式建筑发展概况

一些发达国家的装配式建筑已经过数十年甚至上百年的发展,装配式住宅体系相对成熟、完善,日本、美国、德国、澳大利亚、法国、瑞典和丹麦是其中典型的代表。

下面简要介绍日本、美国、德国、澳大利亚装配式建筑的发展概况。

(1)日本装配式建筑的发展概况

日本于1968年提出了装配式住宅的概念,1990年推出采用部件化、工业化、高生产效率、住宅内部结构可变的中高层住宅生产体系。在推进规模化和产业化结构调整进程中,住宅产业经历了从标准化、多样化、工业化到集约化、信息化的不断演变和完善过程。日本政府强有力的干预和支持对住宅产业的发展起到了重要作用。政府通过立法来确保预制混凝土结构的质量;坚持技术创新,制定了一系列住宅建设工业化的方针、政策,建立统一的模数标准,解决了标准化、大批量生产和住宅多样化之间的矛盾。如图2-1所示为日本装配式建筑。

(2)美国装配式建筑的发展概况

美国的装配式住宅盛行于20世纪70年代的能源危机期间。1976年,美国国会通过了国家工业化住宅建造及安全法案,同年出台一系列严格的行业规范和标准。这些规范和标准一直沿用至今,并且与后来的美国建筑体系逐步融合。据美国工业化住宅协会统计,2001年,美国的装配式住宅已经达到了1 000万套,占美国住宅总量的7%。在美国,大城市住宅的结构类型以混凝土装配式和钢结构装配式为主,小城镇多以轻钢结构、木结构住宅体系为主。住宅建筑构件的工厂化生产,降低了建设成本,提高了构件的通用性,增加了施工的可操作性。除了注重质量之外,现在的装配式住宅更加注重舒适性、多样性和个性化。

美国预制与预应力混凝土协会(PCI)编制的《PCI设计手册》包含了装配式结构相关的内容。该手册在国际上具有非常广泛的影响力。从1971年的第1版开始,《PCI设计手册》目前已经编制至第7版,该版手册与IBC 2006、ACI 318-05、ASCE 7-05等标准协调。除了《PCI设计手册》外,PCI还编制了一系列技术文件,内容包括设计方法、施工技术和施工质量控制等方面。如图2-2所示为美国装配式建筑。

(3)德国装配式建筑的发展概况

德国的装配式住宅主要采取叠合板、混凝土和剪力墙结构体系,采用构件装配式与混凝土结构,耐久性较好。德国是世界上建筑能耗降低幅度最快的国家,近年更是提出发展被动式零能耗建筑。从大幅度的节能到被动式建筑,德国都采取了装配式住宅来实现,使装配式住宅与节能标准相互充分融合。如图2-3所示为德国装配式建筑。

(a)　　　　　　　　　　　　(b)

(c)　　　　　　　　　　　　(d)

图 2-1　日本装配式建筑

(a)　　　　　　　　　　　　(b)

图 2-2　美国装配式建筑

(a) (b)

图 2-3 德国装配式建筑

(4) 澳大利亚装配式建筑的发展概况

澳大利亚以冷弯薄壁轻钢结构建筑体系为主,这种体系发展于 20 世纪 60 年代,主要由博思格公司开发成功并制定相关企业标准。该体系以环保和施工速度快、抗震性能好等优点被澳大利亚、美国、加拿大、日本等国家广泛应用。以澳大利亚为例,其钢结构建筑建造量大约占全部新建住宅的 50%。如图 2-4 所示为澳大利亚装配式建筑。

(a) (b)

(c)

图 2-4 澳大利亚装配式建筑

第二节　我国装配式建筑的发展现状及展望

目前,我国装配式建筑占比不到5%,与发达国家还存在一定差距。业内专家预测,未来10年我国装配式建筑的市场规模累计将达到2.5万亿元,市场发展空间巨大。

但是,我国装配式建筑发展体系还未完善,问题日渐突出。影响装配式建筑发展的因素很多,须建立合理的装配式建筑体系。

（1）形成成熟的、多样化的技术体系。全面统筹综合成本,加强项目造价管理。目前,国内装配式技术还不成熟,部品部件尚未实现标准化、规模化生产,规模效益无法体现。高强混凝土技术和预应力技术尚未完善,预制框架和预制框架剪力墙结构体系关键技术须逐步完善,需要形成多样化、系列化的技术体系,从而推动装配式混凝土建筑向重载、大跨的公共建筑及工业建筑领域拓展,充分发挥结构的经济效益。同时,还要考虑预制混凝土厂产能不足,或预制混凝土厂家垄断导致单位建筑成本相对提高以及装配式建筑同级设防烈度的抗震节点费用增加而造成项目造价隐性增长的问题。

（2）引导产业转型与分布,确立总承包模式。助力龙头企业,推进企业改革;加大政策扶持、统筹激励机制。由于装配式建筑成本高（需要对预制混凝土模具、构件养护、运输等环节进行较多的一次性投资）、国内政策鼓励不足、创新能力欠缺、技术成熟度不够等原因,众多中小建筑企业在装配式建筑领域发展缓慢,仅在各自擅长的施工管理、专业加工、制作、门窗、建筑材料等某一细分领域工作;另外,有的总承包企业不具备装配式建筑生产及安装的专业化能力,少数具备生产能力的企业却无承包资质。因此,成立专业化的、协作化的建筑工业化工程总承包队伍尤为紧迫。中小建筑企业可根据自身技术特点和资金实力在产业领域进行主次、粗细搭配,围绕产品深耕细作,促进产业链的合理分布、健康运行。国家应进行装配式建筑发展的顶层设计;整合工业化住宅研究企业与科研院校资源,给予技术研究单位资金支持,给予符合高新技术企业条件的装配式建筑生产企业增值税即征即退等优惠政策,给予工业化住宅研究开发企业在信贷、财税及试点项目建设收费等方面的优惠;鼓励各地结合实际出台支持装配式建筑发展的规划审批、土地供应、基础设施配套、财政金融等相关政策措施。

（3）完善标准通用体系,加强设计集成协同。预制装配式建筑在推广过程中最适合住宅建筑,但目前建成的预制混凝土构件住宅建筑缺乏统一的行业指引标准和工程实践。2017年6月1日实施的《装配式混凝土建筑技术标准》(GB/T 51231—2016)还不能满足装配式建筑在项目设计、生产、安装施工、验收评定、审批各环节对国家级行业规范和标准的需求,部品部件标准化是装配式建筑市场化的关键,是降低企业运营成本、减少设备周转和材料租赁费用的关键,更是充分实现装配式建筑产业化的前提和价格市场化的要素。要以部品部件及连接技术的标准化与通用性为基础,实现构件在不同类型建筑中的通用性,助推装配式建筑发展。装配式建筑设计对建筑、结构、设备和装修等专业的配合及运用信息化技术手段满足一体化的要求极高,在预制装配式混凝土建筑全周期中要充分运用建筑信息模型（BIM）技术,实现预制混凝土建筑在设计阶段的充分集成与协同。

（4）合理考虑建筑工业化与劳动力疏导问题,向农村住宅工业化领域拓展。科技发展下建筑业的"人海战术"将逐步淡出,大批建筑技工随着装配式建筑的推广将逐渐退出劳务市场,逐步由技术含量和专业性更强的装配技工和吊车工取代,建筑技工将逐步转型。随着社会主义新农村建设的大力发展,农村住宅工业化是大势所趋,针对农村住宅的诸多问题和资源相对匮乏、地区差异性大的特点,推广应用多层轻钢结构住宅体系等装配式住宅具有划时代意义,必将为农村住宅建筑市场和土地资源整合带来新契机,同时引导劳动力转型。

在国家政策的指引下,我国的装配式建筑产业呈现出欣欣向荣的局面。装配式建筑未来发展的方向有以下3种。

(1)一体化项目的发展。装配式建筑向着一体化的方向发展是必然趋势。在建筑施工中,通过对企业、人员、材料和资源等进行全面整合,能够有效利用建筑工程所涉及的内容要素,充分做到对工程施工的全方面控制,促进工程项目经济效益的最大化发挥,降低施工过程中不必要的损耗和能源消耗。

(2)统一标准规范的建立。装配式建筑虽然在我国已经有了一定时间的发展,但其目前的规范化标准还存在一定缺陷,必须建立足够有效的规范标准,形成一套完善的产业结构,才能实现装配式建筑的专业化与规范化。建立统一标准规范,应该综合考虑建设、设计、施工和生产等多方面的因素,制定符合市场环境下统一的标准规范,主要包括施工技术、装配构件生产等。

(3)抗震性能的发展。装配式建筑作为现代化建筑行业的标志,对其建筑性能要求更高,尤其是抗震性能,目前还有很多问题有待研发和解决,比如在装配式构件安装过程中,各节点之间与现浇节点存在较大差距,无法实现传统建筑结构的抗震效果。这些问题都需要引起人们足够重视,并加强装配式建筑在抗震性能方面的设计和创新。

未来,装配式建筑在我国的建筑行业发展中将逐渐占据领军位置,并凭借着诸多的优势,发展为建筑业的重点方向。建筑施工企业应该了解装配式建筑所具有的优势,抓住发展的机会,结合自身的综合能力,提高企业实力和市场竞争力,实现企业在现代化建筑领域中的快速发展。

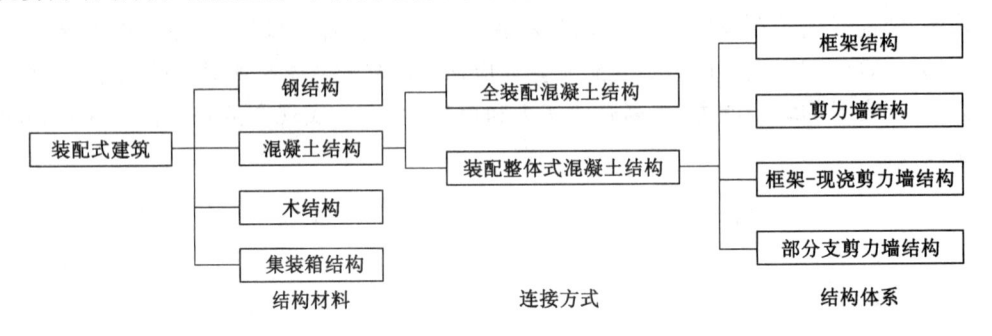

第三章　装配式混凝土结构体系

装配式混凝土结构不同于传统的现浇混凝土结构，它是在传统的现浇混凝土结构基础上的深化，依据相关专业规范及结构拆分基本原则，科学、合理地把现浇整体混凝土结构拆分成一块块预制混凝土构件（PC构件）。构件在加工厂生产、养护、检验合格后，运输到工地现场通过可靠的连接方式进行建造。构件拆分后与结合部分现浇形成整体，真实结构的传力途径、连接构造要与计算假定相符合，因此，科学拆分至关重要。

按连接方式划分，装配式混凝土结构可分为全装配混凝土结构和装配整体式混凝土结构。全装配混凝土结构指的是构件通过螺栓、焊接等干法连接而形成的结构。装配整体式混凝土结构指的是构件通过其他可靠的方式（如墙板竖向采用套筒灌浆、约束浆锚搭接、波纹管浆锚搭接等进行连接，横向利用外伸钢筋与现场钢筋连接在一起；楼板、阳台板、空调板预留钢筋插入现浇部分）一起浇筑而形成的整体装配式混凝土结构。装配整体式混凝土结构按照结构体系又可分为装配整体式框架结构、装配整体式剪力墙结构、装配整体式框架-现浇剪力墙结构和装配整体式部分支剪力墙结构。装配式混凝土结构体系如图3-1所示。

图3-1　装配式混凝土结构体系

按结构高度划分，装配式混凝土结构可分为装配式高层混凝土结构、装配式多层混凝土结构和装配式低层混凝土结构。结合我国情况，装配式高层混凝土结构的形式为装配式剪力墙结构，多用于保障房项目。装配式多层混凝土结构的形式为装配式框架结构，多用在商场等场所。这里主要讲述装配式混凝土框架结构和剪力墙结构。

第一节　装配式混凝土框架结构技术

装配式混凝土框架结构包括装配整体式混凝土框架结构及其他装配式混凝土框架结构。装配整体式框架结构是指全部或部分框架梁、柱采用预制构件通过可靠的连接方式装配而成，连接节点处采用现场后浇混凝土、水泥基灌浆料等将构件连成整体的混凝土结构。其他装配式混凝土框架结构主要指各类干式连接的框架结构，主要与剪力墙、抗震支撑等配合使用。

装配整体式混凝土框架结构可采用与现浇混凝土框架结构相同的方法进行结构分析，其承载力极限状态及正常使用极限状态的作用效应可采用弹性分析方法。在进行结构内力与位移计算时，对于现浇楼盖和叠合楼盖，均可假定楼盖在其平面上为无限刚性。装配整体式混凝土框架结构构件和节点的设计均可按与现浇混凝土框架结构相同的方法进行。此外，尚应对叠合梁端竖向接缝、预制柱柱底水平接缝部位进行受剪承载力验算，并进行预制构件在短暂设计状况下的验算。在装配整体式混凝土框架结构中，应通过合理的结构布置，避免预制柱柱底的水平接缝出现拉力。

装配整体式混凝土框架主要包括框架节点后浇和框架节点预制两大类。前者的预制构件在梁柱节点处通过后浇混凝土连接，预制构件为一字形；而后者的连接节点位于框架柱、框架梁中部，预制构件有十字形、T形、一字形，并包含节点，由于预制框架节点制作、运输、现场安装难度较大，现阶段工程较少采用。

装配整体式混凝土框架结构连接节点设计时，应合理确定梁和柱的截面尺寸以及钢筋的数量、间距及位置等，钢筋的锚固与连接应符合国家现行标准相关规定，并应考虑构件钢筋的碰撞问题以及构件的安装顺序，确保装配式结构的易施工性。在装配整体式混凝土框架结构中，预制柱的纵向钢筋可采用套筒灌浆、机械冷挤压等连接方式。当梁、柱节点现浇时，叠合框架梁纵向受力钢筋应伸入后浇节点区进行锚固或连接，其下部的纵向受力钢筋也可伸至节点区外的后浇段内进行连接。当叠合框架梁采用对接连接时，梁下部纵向钢筋在后浇段内宜采用机械连接、套筒灌浆连接或焊接等形式连接。叠合框架梁的箍筋可采用整体封闭箍筋或组合封闭箍筋形式。

其他装配式混凝土框架结构此处不再详述，具体见相关资料。

装配式混凝土框架结构见图3-2。

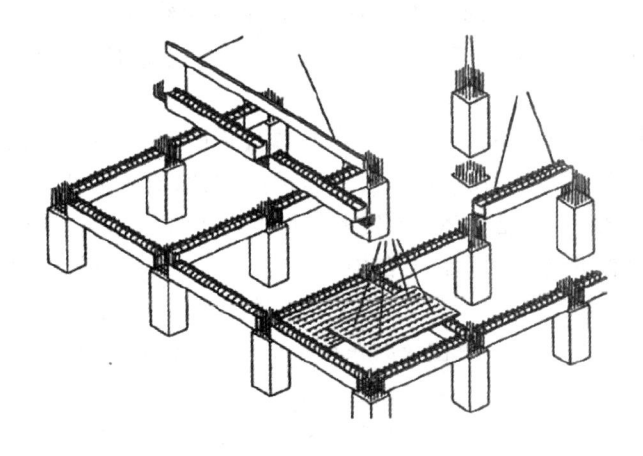

图3-2 装配式混凝土框架结构

一、特点

装配式混凝土框架结构技术在应用过程中呈现出模块化和标准化的发展特征。在密实性、防水性、耐久性要求高的工程中，装配式混凝土框架结构具有较大的优势。同时，在结构造型设计中,该框架结构具有较大的灵活性。应用装配式混凝土框架结构进行施工,提高了混凝土施工效率,降低了混凝土养护时间,获得了较好的经济效益。在施工过程中,装配式混凝土框架结构能够对施工过程中产生的粉尘、噪声进行有效控制,提升了施工的安全性。除此之外,装配式混凝土框架结构施工具有可持续发展特性,能够有效节约建筑材料,并使废料得到循环利用,满足建筑行业节能降耗的发展要求。由此可见,装配式混凝土框架结构技术对于促进建筑行业的发展和进步,起到了十分积极的作用。

二、设计流程

在装配式混凝土框架结构施工过程中,应根据实际施工情况对其进行设计,保证施工中应用的承台梁、板等施工构件符合施工要求。施工过程中,首先需要对基础工程进行混凝土浇筑。接下来,需要确定构件的安装位置以及安装顺序,同时严格按照施工标准安装预制承台,并根据承台基的情况对其进行矫正。最后,需要对梁、柱节点以及预制楼板等进行安装,保证施工具有科学性和合理性。在预制承台制作及安装过程中,需要根据工程实际来选择承台规格,一般来说,可选壁厚 10 cm、内含 3 级钢筋网片的承台。在安装过程中,需要对吊装件进行预埋,保证构件安装符合承台安装的实际需要。同时,要保证连接件与承台的有效连接,使预制承台摆放在准确的安装位置。

预制梁、预制叠合楼板和预制保温墙板的制作和安装是施工过程中较为重要的环节,应结合工程情况,保证预制件的制作和安装满足实际施工需要。

(1)预制梁制作。预制梁在制作过程中,需要在两端设置型钢连接件,并且将结构设置为 T 形,在对应的梁轴上,要设置相应的通孔,保证钢筋能够穿孔焊接。这一结构在设计应用过程中,要求能够有效地提升混凝土梁连接端的承重能力,形成较强的节点结构。

(2)预制梁安装。预制梁在安装过程中,需要对节点部位进行有效处理。梁与柱连接节点主要采用了与预制柱相同的工字钢,使其在同轴线上连接。在预制梁安装过程中,需要考虑受力杆件的抗剪、抗弯以及承重能力。在节点连接时,还需要考虑混凝土梁的安全性。

(3)预制叠合楼板制作。在预制叠合楼板制作过程中,要注重保证该结构的整体性能,使其具有较强的抗震能力,并且在现场支模过程时,加强现场浇筑管理,保证浇筑效果。预制叠合楼板在制作过程中,可能会存在一定的材料浪费问题,需要加以关注。

(4)预制叠合楼板安装。在预制叠合楼板安装过程中,需要考虑承重段的长度以及端头结构,保证预制板的厚度在 80 mm 左右,现浇厚度在 70 mm,这样能够保证在吊装预埋时楼板具有较好的安装效果。可以将楼板放在预制梁两端,之后进行钢筋焊接处理,使其形成整体结构。

(5)预制保温墙板制作与安装。在预制保温墙板制作与安装过程中,墙板内应设有相应的通风通道,并设置预制夹芯墙板,以保证保温墙板具有较高的强度。在保温墙板吊装过程中,需要在四角预埋与钢筋骨架连接的中空金属管,作为日后维修的固定孔,从而起到较好的辅助作用。预制保温墙板安装过程中,应对节点进行有效处理,并利用螺栓进行固定,使卡扣与墙板有效连接。预制保温墙板安装完成后,利用扣件对预定位置进行有效固定,并通过钢筋焊接的措施以保证预制保温墙板安装符合实际施工要求。

三、技术指标

装配式混凝土框架结构及其构件的安全性能与质量应满足现行国家标准《装配式混凝土结构技术规程》(JGJ 1)、《装配式混凝土建筑技术标准》(GB/T 51231)、《混凝土结构设计规范》(GB 50010)、《混凝土结构工程施工规范》(GB 50666)、《混凝土结构工程施工质量验收规范》(GB 50204)以及《预制预应力混凝土装配整体式框架结构技术规程》(JGJ 224)等的有关规定。当采用钢筋机械连接技术时,应符合《钢筋机械连接技术规程》(JGJ 107)的规定;当采用钢筋套筒灌浆连接技术时,应符合《钢筋套筒灌浆连接应用技术规程》(JGJ 355)的规定;当采用钢筋锚固板的方式锚固时,应符合《钢筋锚固板应用技术规程》(JGJ 256)的规定。

装配式混凝土框架结构的关键技术指标如下:

(1) 装配式混凝土框架结构建筑的最大适用高度与现浇混凝土框架结构基本相同。

(2) 装配式混凝土框架结构宜采用高强混凝土、高强钢筋,框架梁和框架柱的纵向钢筋尽量选用大直径钢筋,以减少钢筋数量、加大钢筋间距,从而有利于提高装配施工效率,保证施工质量,降低成本。

四、适用范围

装配式混凝土框架结构可用于6~8度抗震设防烈度地区的公共建筑、居住建筑以及工业建筑。其中,其他装配式混凝土框架结构主要适用于各类低、多层居住建筑、公共建筑与工业建筑。

第二节 装配式混凝土剪力墙结构技术

装配式混凝土剪力墙结构是指全部或部分采用预制墙板构件,通过可靠的连接方式(后浇混凝土、水泥基灌浆料)形成整体的混凝土剪力墙结构。它是近年来在我国应用最多、发展最快的装配式混凝土结构技术。

我国的装配式剪力墙结构体系主要包括以下两类:

(1) 高层装配整体式剪力墙结构。该体系中,部分或全部剪力墙采用预制构件,预制剪力墙之间的竖向接缝一般位于结构边缘部位,该部位采用现浇方式与预制墙板形成整体,预制墙板的水平钢筋在后浇部位实现可靠连接或锚固;预制剪力墙水平接缝位于楼面标高处,水平接缝处钢筋可采用套筒灌浆连接、浆锚搭接连接或在底部预留后浇区内搭接连接的形式。在每层楼面处设置水平后浇带并配置连续纵向钢筋,在屋面处设置封闭后浇圈梁。采用叠合楼板及预制楼梯,预制或叠合阳台板。该结构体系主要用于高层住宅,其整体受力性能与现浇剪力墙结构相当,按"等同现浇"设计原则进行设计。

(2) 多层装配式剪力墙结构。与高层装配整体式剪力墙结构相比,多层装配式剪力墙结构可采用弹性方法进行结构分析,并可按照结构实际情况建立分析模型,以建立适用于其装配特点的计算与分析方法。在构造连接措施方面,边缘构件设置及水平接缝的连接均有所简化,并降低了剪力墙及边缘构件配筋率、配箍率要求,允许采用预制楼盖和干式连接的做法。

装配式混凝土剪力墙结构见图3-3。

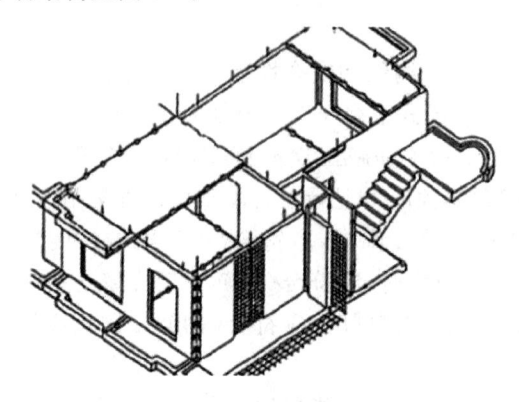

图 3-3 装配式混凝土剪力墙结构

一、基本要求

装配式混凝土剪力墙结构在布置时应符合下列要求：

(1) 平面形状宜简单、规则，平面布置宜对称，应沿两个主轴方向布置剪力墙，不应采用平面扭转不规则结构。

(2) 竖向体形宜均匀、规则，竖向布置宜连续，不应采用楼层侧向刚度不规则结构或层间受剪承载力不规则结构。

(3) 预制剪力墙的墙肢截面宜简单、规则。预制剪力墙的门窗洞口宜上下对齐、成列布置，形成明确的墙肢和连梁，并应避免使墙肢刚度相差悬殊。

(4) 抗震设计时，全预制装配式剪力墙结构不应有较多短肢剪力墙；外墙预制、内墙现浇的装配式剪力墙结构，不宜有较多短肢剪力墙。当有较多短肢剪力墙时，在规定的水平地震作用下，短肢剪力墙承担的底部倾覆力矩不宜大于结构底部总地震倾覆力矩的50%。

注：① 短肢剪力墙是指截面厚度不大于300 mm、各肢截面高度与厚度之比的最大值大于4但不大于8的剪力墙；② 有较多短肢剪力墙是指在规定的水平地震作用下，短肢剪力墙承担的底部倾覆力矩不小于结构底部总地震倾覆力矩的30%。

(5) 全预制剪力墙结构及部分预制剪力墙结构的结构计算分析方法和一般剪力墙结构相同，除特别规定外应符合《高层建筑混凝土结构技术规程》(JGJ 3)的相关规定。

(6) 对于多层剪力墙结构，在水平荷载作用下结构的侧向位移计算值应放大1.2倍。

(7) 预制叠合剪力墙取有效厚度参与整体计算，全部预制剪力墙板取实际厚度参与整体计算。

二、设计流程

装配式混凝土剪力墙结构由水平受力构件和竖向受力构件组成。构件采用工厂化生产，运至施工现场后经过装配及后浇叠合形成整体，其连接节点通过后浇混凝土结合，水平构件通过机械连接或其他方式连接，竖向构件通过全灌浆套筒连接或其他方式连接。装配式混凝土剪力墙结构施工流程如下：测量放线→预制剪力墙板吊装→预制剪力墙斜撑固定→预制填充墙吊装→现浇区钢筋绑扎→排架支撑及模板施工→预制叠合板吊装→预制阳台板和空调板吊装、固定、校正→叠合板、梁钢筋绑扎，管线、预埋件安装→混凝土浇筑。

三、技术指标

高层装配整体式剪力墙结构和多层装配式剪力墙结构的设计应符合现行国家标准《装配式混凝土结构技术规程》(JGJ 1)和《装配式混凝土建筑技术标准》(GB/T 51231)的规定。两个标准将装配整体式剪力墙结构的最大适用高度相比现浇结构作了适当降低。装配整体式剪力墙结构的高宽比限值与现浇结构基本一致。

作为混凝土结构的一种类型，装配式混凝土剪力墙结构在设计和施工中应该符合现行国家标准《混凝土结构设计规范》(GB 50010)、《混凝土结构工程施工规范》(GB 50666)、《混凝土结构工程施工质量验收规范》(GB 50204)中各项基本规定。若建筑层数为10层及以上或者高度大于28 m，还应该参照《高层建筑混凝土结构技术规程》(JGJ 3)中关于剪力墙结构的一般性规定。

针对装配式混凝土剪力墙结构的特点，结构设计中还应该注意以下问题：

(1) 应采取有效措施加强结构的整体性。装配式混凝土剪力墙结构是在选用可靠的预制构件受力钢筋连接技术的基础上，采用预制构件与后浇混凝土相结合的方法，通过连接节点的合理构造措施，将预制构件连接成一个整体，保证其具有与现浇混凝土结构基本等同的承载能力和变形能力，达到与现浇混凝土结构等同的设计目标。其整体性主要体现在预制构件之间、预制构件与后浇混凝土之间的连接节点上，包括接缝混凝土粗糙面及键槽的处理、各类钢筋连接锚固技术的应用。

(2) 装配式混凝土剪力墙结构的材料宜采用高强钢筋与适宜的高强混凝土。预制构件在工厂生产并采用蒸汽养护，可显著提升混凝土的强度、抗冻性及耐久性，且可提早脱模以提高生产效率。采用高强混凝土可以减小构件截面尺寸，便于运输吊装。采用高强钢筋，可以减少钢筋数量，简化连接节点，便于施工，降低成本。

(3) 装配式混凝土剪力墙结构的节点和接缝应受力明确、构造可靠，一般采用经过充分的力学性能试验研究、施工工艺试验和实际工程检验的节点和接缝。节点和接缝的承载力、延性和耐久性等一般通过对构造、施工工艺等的严格要求来实现，必要时单独对节点和接缝的承载力进行验算。若采用相关标准、设计图集中均未涉及的新型节点连接构造，应进行必要的技术研究与试验验证。

(4) 在装配式混凝土剪力墙结构中，预制构件的接缝位置、尺寸及形状的合理设计是十分重要的，应以模数化、标准化为设计工作基本原则。鉴于接缝对建筑功能、建筑平立面、结构受力状况、预制构件承载能力、制作安装、工程造价等都会产生一定的影响，设计接缝时应满足建筑模数协调、建筑物理性能、结构和预制构件的承载能力、便于施工和质量控制等多项要求。

四、适用范围

装配式混凝土剪力墙结构适用于抗震设防烈度为6～8度的地区。高层装配整体式剪力墙结构可用于高层居住建筑，多层装配式剪力墙结构可用于低、多层居住建筑。

第四章　装配式混凝土结构预制构件生产技术及工艺

第一节　模具加工

一、基本要求

预制构件模具应根据生产工艺、产品类型等确定模具加工方案，建立健全模具设计、制作(改制)、验收、使用和保管制度。

二、模具设计和制造

模具应具有足够的承载力、刚度和稳定性，保证其在预制构件生产时能可靠地承受浇筑混凝土的重量、侧压力及工作荷载。模具设计和制造应符合下列规定：

(1) 模具应支拆方便、可操作性良好，满足预制构件质量、生产工艺和周转次数等要求。

(2) 模具的部件与部件之间应连接牢固，满足预制构件预留孔洞、插筋和预埋件的安装定位要求。

(3) 用作底模的台座、胎模、地坪及铺设的底板等应平整、光洁，不得有下沉、裂缝、起砂和起鼓现象。

(4) 模具接缝应紧密，并应有有效的防漏浆和防漏水措施。

(5) 对于自制模具，应根据预制构件特点确定工艺方案并出具加工图纸。结构造型复杂、外形有特殊要求或批量大的定型模具应制作样板，经检验合格后方可批量制作。

(6) 外购模具进厂时应有设计图纸和使用说明书，外观质量和尺寸偏差符合要求方可使用。

三、模具组装和使用

模具组装和使用应符合下列规定：

(1) 模具应保持清洁，定期检查侧模、预埋件和预留孔洞定位措施的有效性，应制订防止模具变形和锈蚀的措施，重新启用的模具应检验合格后方可使用。

(2) 模具内表面的隔离剂应涂刷均匀，保证无漏刷、无堆积，且不得污染钢筋，不得影响预制构件外观效果。

(3) 模具附带的埋件应定位准确，安装牢固、可靠。

(4) 模具与平台间的螺栓、定位销、磁盒等应固定可靠，以防止混凝土振捣成型时造成模具偏移和漏浆。

四、模具尺寸允许偏差

除设计有特殊要求外,预制构件模具尺寸允许偏差应符合表4-1的规定。

表4-1 预制构件模具尺寸允许偏差

项次	检验项目		允许偏差/mm	检验方法
1	长度	≤6 m	1,−2	用钢尺测量构件高度,取最大偏差绝对值
		>6~12 m	2,−4	
		>12 m	3,−5	
2	宽度、高(厚)度	墙板	1,−2	用钢尺测量两端或中部,取最大偏差绝对值
3		其他构件	2,−4	
4	底模表面平整度		2	用2 m靠尺和塞尺测量
5	对角线差		3	用钢尺测量纵、横两个方向对角线
6	侧向弯曲		$L/1\,500$ 且≤5	拉线并用钢尺测量侧向弯曲最大处
7	翘曲		$L/1\,500$	对角线测量交点间距离的两倍
8	组装缝隙		1	用塞尺测量,取最大值
9	端模与侧模高低差		1	用钢尺测量

注:L为模具与混凝土接触面中最长边的尺寸。

五、模具安装允许偏差

模具上预埋件和预留孔洞模具应定位准确并固定牢固,其安装允许偏差应符合表4-2的规定。

表4-2 模具上预埋件、预留孔洞模具安装允许偏差

项次	检验项目		允许偏差/mm	检验方法
1	预埋钢管	中心线位置	3	用尺测量纵、横两个方向的中心线位置,记录其中较大值
		平面高差	±2	用钢尺和塞尺检查
2	预埋管、电线盒、电线管水平和垂直方向的中心线位置偏移、预留孔、浆锚搭接预留孔(或波纹管)		2	用尺测量纵、横两个方向的中心线位置,记录其中较大值
3	插筋	中心线位置	3	用尺测量纵、横两个方向的中心线位置,记录其中较大值
		外露长度	+10,0	用尺测量
4	吊环	中心线位置	3	用尺测量纵、横两个方向的中心线位置,记录其中较大值
		外露长度	+5,0	用尺测量
5	预埋螺栓	中心线位置	2	用尺测量纵、横两个方向的中心线位置,记录其中较大值
		外露长度	+5,0	用尺测量

表 4-2(续)

项次	检验项目		允许偏差/mm	检验方法
6	预埋螺母	中心线位置	2	用尺测量纵、横两个方向的中心线位置,记录其中较大值
		平面高差	±1	用钢尺和塞尺检查
7	预留洞模具	中心线位置	3	用尺测量纵、横两个方向的中心线位置,记录其中较大值
		尺寸	+3,0	用尺测量纵、横两个方向的中心线位置,记录其中较大值
8	灌浆套筒及插筋	灌浆套筒中心线位置	1	用尺测量纵、横两个方向的中心线位置,记录其中较大值
		插筋中心线位置	1	用尺测量纵、横两个方向的中心线位置,记录其中较大值
		外露长度	+5,0	用尺测量

第二节 预制混凝土内预埋件设计

一、预埋件加工允许偏差

预埋件加工允许偏差应符合表 4-3 的规定。

表 4-3 预埋件加工允许偏差

项次	检验项目		允许偏差/mm	检验方法
1	预埋件锚板的边长		0,−5	用钢尺测量
2	预埋件锚板的平整度		1	用钢尺和塞尺测量
3	锚筋	长度	10,−5	用钢尺测量
		间距偏差	±10	用钢尺测量

二、孔洞模具安装规定

(1)预埋件应固定在模板或支架上,预留孔洞应采用孔洞模具加以固定,以保证预埋件固定位置准确,使其在混凝土浇筑、振捣过程中不发生位移,外露部分不发生污损。

(2)预埋件宜采用工具式螺栓固定。采用磁力吸或胶黏法固定预埋件时,应通过试生产确认生产过程中预埋件不发生位移。

(3)采用钢筋焊接方式固定预埋件时,不得损伤被焊钢筋断面,且不得与预应力钢筋焊接。

(4)固定型钢预埋件时,宜在型钢上加焊钢筋并与钢筋骨架绑扎牢固。

(5)预埋螺栓、吊母或吊具时,应采用工具式卡具固定,并保护好丝扣。

(6)预埋钢筋套筒时,应使用定位螺栓或定位棒将其固定在侧模上。灌浆口宜采用短钢筋绑扎在主筋上的方式进行定位控制。

(7)预埋线盒和管线应与模具或钢筋固定牢固,并采取防止堵塞的措施。

(8)在安装过程中,若发现预埋件的尺寸、形状发生变化时,应对该批预埋件再次进行复检,合格后方可使用。

第三节　构件厂内运输措施

一、厂内运输定义和阶段分类

在工厂内,把材料、成品、零件、部件、产品按生产路线、工艺流程进行库房与车间、车间与车间、车间内部各工序之间的运输称为厂内运输。根据物料的周转情况,厂内运输大致可以分为以下几个阶段:

(1) 将原材料运到工厂。
(2) 将原材料搬运入库或运到堆放场地。
(3) 将材料由仓库或堆放场地运到车间或者生产作业班组。
(4) 零件、部件在车间内部班组、工序间的转运。
(5) 零件、部件在车间与车间之间的转运。
(6) 将产品由车间运送到库房。
(7) 将产品由库房发运出厂。

二、厂内运输易发生的事故和预防措施

厂内运输易发生的事故有撞车、翻车以及物体在搬运、装卸过程中物体的打击等。发生以上事故的原因主要是人员缺乏安全教育、作业条件不符合安全要求以及运输设备和运输工具有缺损。

为了防止事故的发生,工厂必须建立一套运输、装卸安全生产制度和奖惩制度,严格遵守《工业企业厂内铁路、道路运输安全规程》(GB 4387),发现事故隐患,要及时采取措施。当事故发生时,现场人员要沉着冷静,保持高度的责任感,采取必要的措施,防止事故范围扩大。当事故发生后,要及时总结经验教训,做到"四不放过",即事故未查清不放过、责任人员未处理不放过、整改措施未落实不放过、有关人员未受到教育不放过。

三、厂内汽车运输规定

厂内汽车在运输过程中应遵守下列规定:
(1) 驾驶员必须有经公安部门考核合格后核发的驾驶证。
(2) 厂区内汽车在特定条件下的行驶速度不得超过 15 km/h,恶劣天气时不得超过 10 km/h,倒车及出入厂区、厂房时不得超过 5 km/h。汽车不得在平行铁路装卸线钢轨外侧 2 m 内行驶。
(3) 装载货物时,不得超载,而且货物的高度、宽度和长度应符合相关规定。对于较大和易滚动的货物应用绳索拴牢,对于超出车厢的货物应备有托架。
(4) 装载体积超过规定的不可拆解货物时,必须经过工厂交通安全管理部门的批准,由专人押车,按指定的线路、时间和时速行驶。
(5) 装运炽热货物及易燃、易爆、剧毒等危险货物时,应遵守《工业企业厂内铁路、道路运输安全规程》(GB 4387)的规定。
(6) 装卸时,汽车与堆放货物之间的距离一般不得小于 1 m,与滚动物品的距离不得小

于 2 m。装卸货物的同时,驾驶室内不得有人,不准将货物经过驾驶室的上方装卸。

(7) 多辆汽车同时进行装卸时,前后车的间距应不小于 2 m,横向两车栏板的间距不得小于 1.5 m,车身后栏板与建筑物的间距不得小于 0.5 m。

(8) 倒车时,驾驶员应先查明情况,确认安全后方可倒车。必要时应有人在车后进行指挥。

(9) 随车装卸人员应坐在安全、可靠的指定部位,严禁坐在车厢栏板上;汽车未停稳前,不得上、下车。

第四节 预制预应力混凝土构件技术要求

一、基本要求

预制预应力混凝土构件生产应编制专项施工方案,并符合《混凝土结构工程施工规范》(GB 50666)的有关规定。

二、预应力张拉台座要求

预应力张拉台座应进行专项施工设计,具有足够的强度、刚度及稳定性,满足各阶段施工荷载和施工工艺的要求。

三、预应力筋下料与连接要求

(1) 预应力筋的下料长度应根据台座的长度、锚夹具长度等经过计算确定。
(2) 预应力筋宜使用砂轮锯或机械切断机切断,不得采用电弧或气焊切断。
(3) 预应力筋应采用符合标准的连接器连接。

四、钢丝镦头及下料长度要求

(1) 镦头的头型直径不宜小于钢丝直径的 1.5 倍,高度不宜小于钢丝直径。
(2) 镦头不应出现横向裂纹。
(3) 当钢丝束两端均采用镦头锚具时,同一束中各根钢丝长度的极差不应大于钢丝长度的 1/5 000 且不应大于 5 mm。当成组张拉长度不大于 10 m 的钢丝时,同组钢丝长度的极差不得大于 2 mm。

五、预应力筋的定位与安装要求

(1) 预应力筋的安装、定位和保护层厚度应符合设计要求。
(2) 模外张拉工艺的预应力筋保护层厚度可根据梳筋条槽口深度或端头垫板厚度控制。
(3) 预应力筋弯折点位置和矢高应符合设计要求,弯折后应可靠固定。预应力筋控制点的竖向位置允许偏差应符合表 4-4 的规定。

第四章 装配式混凝土结构预制构件生产技术及工艺

表 4-4 预应力筋控制点的竖向位置允许偏差

构件截面高(厚)度 h/mm	$h \leqslant 300$	$300 < h \leqslant 1\,500$	$h > 1\,500$
允许偏差/mm	±5	±10	±15

六、预应力筋张拉设备及压力表要求

预应力筋张拉设备及压力表应定期维护和标定,并应符合下列规定:
(1)张拉设备和压力表应配套标定和使用,标定期限不应超过半年,当使用过程中出现不正常现象或张拉设备检修后,应重新标定。
(2)压力表的量程应大于张拉设备工作压力读值,压力表的精确度等级不应低于1.6级。
(3)标定张拉设备用的试验机或测力计的测力示值不确定度不应大于1.0%。
(4)张拉设备标定时,千斤顶活塞的运行方向应与实际张拉工作状态一致。

七、调整后的张拉控制应力要求

预应力筋的张拉控制应力应符合设计及专项施工方案的要求,当施工中需要超张拉时,调整后的张拉控制应力应符合下列规定:
(1)消除应力钢丝、钢绞线 $\sigma_{con} \leqslant 0.80 f_{ptk}$。
(2)中强度预应力钢丝 $\sigma_{con} \leqslant 0.75 f_{ptk}$。
(3)预应力螺纹钢筋 $\sigma_{con} \leqslant 0.90 f_{pyk}$。
其中,σ_{con}为预应力筋张拉控制应力;f_{ptk}为预应力筋极限强度标准值;f_{pyk}为预应力筋屈服强度标准值。

八、校核预应力筋伸长值要求

采用应力控制方法张拉时,应校核最大张拉力下预应力筋伸长值。实测伸长值与计算伸长值的偏差应控制在±6%之内,否则应查明原因并采取措施后再张拉。

第五节 预制构件工厂化生产加工技术

一、一般规定

(1)预制构件生产企业应有固定的生产车间和设备、专门的生产与技术管理团队、产业工人以及产品技术标准体系、安全质量和环境管理体系。
(2)构件应在工厂内生产,生产工序应采用流水化作业,生产过程管理宜采用信息管理技术。
(3)构件生产应标准化、系列化、通用化,以适应多样化需求。
(4)构件生产前应复核混凝土主体结构或预埋件的位置和预留孔洞位置、规格等数据。
(5)除标准构件外,定制构件生产数据应来源于现场实测,减少构件在装配现场的裁切和二次加工。

二、原材料控制

（1）构件原材料宜使用节能、环保、利废的材料，并符合国家现行有关标准的技术要求，不得使用国家明令淘汰、禁止或限制使用的原材料。

（2）构件原材料应有质量合格证明并完成抽样复试，没有复试或者复试不合格的原材料不能使用。

（3）外围护构件所用原材料应优选耐久性好、不易被污染的材料，且其燃烧性能应满足国家现行防火规范的使用要求。内装构件原材料应满足国家现行标准对于防火、环保等方面的要求。

三、集成制造

（1）构件的集成制造技术应体现现场装配时的干法作业，操作方便，节省人力。

（2）构件的集成制造应满足加工精度和预留公差的要求，对于非标准化安装空间宜采取柔性处理措施。

（3）构件的集成制造应考虑与不同主体结构形式连接时的方法及配套组件，并应成套供应。

（4）外围护构件的生产尺寸与板型划分应符合建筑立面的要求，并考虑运输安装等条件的限制。

（5）外围护构件的饰面应结合建筑设计要求，宜采用一次成型工艺。

（6）轻质隔墙及墙面系统的墙面板和装饰层宜在工厂复合加工而成。

（7）地面系统宜将地面找平、采暖、装饰等进行集成。

（8）集成式卫生间的地面、墙面、顶面宜在工厂生产，减少现场的二次加工。

（9）宜在工厂将合页、门锁与门槛、门扇集成生产。

四、质量控制

（1）构件的各项技术性能指标应符合国家现行相关产品标准的规定。

（2）生产完毕，宜对构件的重要技术项目进行检验，发现不合格产品时做好记录，按程序进行返工或作为废品处理，并增加抽样检测样板的数量或检测的频率。

（3）合格构件经签署质量合格证后方可进入成品库待发货区。合格证应包含出厂检测项目、检验员代码和检验日期等信息。

五、包装、运输与堆放

（1）每个合格构件宜具有唯一编码和生产信息，并在包装的明显位置标注构件编码、生产单位、生产日期和检验员代码等。

（2）构件的包装顺序宜为安装时使用模块构件的顺序。

（3）构件包装的尺寸和重量应考虑现场运输条件，便于构件搬运与组装，并附有卸货方式和明细清单。

（4）应制订构件的成品保护、堆放和运输专项方案，其内容应包括运输时间、次序、堆放场地、运输路线、固定要求、堆放支垫及成品保护措施等。对于超高、超宽、形状特殊构件的运输和堆放应有专门的质量安全保护措施。

第五章 装配式混凝土结构施工技术

第一节 混凝土叠合楼板技术

一、概述

混凝土叠合楼板是指将楼板沿厚度方向分成两部分，底部是预制底板，上部后浇混凝土叠合层，如图5-1所示。配置底部钢筋的预制底板作为楼板的一部分，在施工阶段作为后浇混凝土叠合层的模板承受荷载，与后浇混凝土层形成整体的叠合混凝土构件。混凝土叠合楼板现场施工图见图5-2。

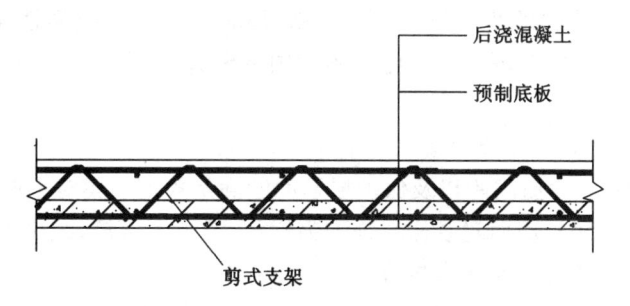

图 5-1 混凝土叠合楼板示意图

图 5-2 混凝土叠合楼板现场施工图

混凝土叠合楼板的底板在工厂按照统一的标准预制，叠合楼板70%工作量在工厂内完成，现场施工主要为叠合楼板的安装及现浇层、连接构件的混凝土浇筑。

预制底板按照受力钢筋种类可以分为预制混凝土底板和预制预应力混凝土底板。预制混凝土底板采用非预应力钢筋时，为增强刚度，目前多采用桁架钢筋混凝土底板；预制预应力混凝土底板可为预应力混凝土平板和预应力混凝土带肋底板、预应力混凝土空心板。

跨度大于 3 m 时,预制底板宜采用桁架钢筋混凝土底板或预应力混凝土平板;跨度大于 6 m 时,预制底板宜采用预应力混凝土带肋底板、预应力混凝土空心板;叠合楼板厚度大于 180 mm 时,预制底板宜采用预应力混凝土空心叠合板。

保证叠合面上下两层混凝土共同承载、协调受力是混凝土叠合楼板设计的关键,一般通过叠合面的粗糙度以及界面抗剪构造钢筋实现。

施工阶段是否设置可靠支撑决定了叠合板的设计计算方法。设置可靠支撑的叠合板,预制构件在后浇混凝土重量及施工荷载下,不至于发生影响内力的变形,按整体受弯构件设计计算;无支撑的叠合板,二次成型浇筑混凝土的重量及施工荷载影响了构件的内力和变形,应按二阶段受力的叠合构件进行设计计算。

二、特点

预制底板用作浇筑上层混凝土的永久性模板,并通过上下两层混凝土形成的整体结构来承受荷载。与现浇板相比,叠合板具有抗裂性能好、节省模板和模板支撑、施工安装方便、节约工期、增加结构构件的延性等特点。与预制板相比,叠合板抗震性能好、耐久性能好。叠合板兼顾了现浇板和预制板的优点,将成为我国装配式混凝土建筑结构体系的重要研究方向。

混凝土叠合楼板的优点主要表现在以下几个方面:

(1) 钢筋排列均匀,钢筋间距以及保护层厚度能满足规范图集对不同跨度、不同宽度楼板的设计要求;平整的楼板底面对装修装饰较为有利;节省了资源,减少了灰尘污染,提高了施工现场的环境质量,环境效益非常显著。

(2) 混凝土叠合楼板的预制底板在预制厂加工成成品,从而大幅度减少了现场钢筋绑扎的工作量和混凝土浇筑量,提高了现场的施工安全性,同时也减少了模板的使用,保护了环境,缩短了工期。

(3) 桁架钢筋混凝土叠合板是一种新型的模板结构,不需要支模,当跨度较大、板较厚时,只需要设立支撑。

(4) 混凝土叠合楼板整体性比较好,屋面防水效果好,克服了预制装配式楼板整体性差、抗震性差的劣势。混凝土预制底板自然粗糙面与后浇混凝土结合良好,保证了叠合板的整体工作性能,使得叠合板变形小、刚度大,从而提高了叠合面的抗剪能力和抗压能力。

(5) 采用混凝土叠合楼板经济效益显著提高。通过多个工程实例统计,由于采用了高强钢筋和级别较高的混凝土,工程造价约减少了 1/3,模板方面节约成本更为显著,同时在综合管理方面的成本也有不同程度的降低。

虽然混凝土叠合楼板拥有诸多优点,但这种新型工艺也存在不足之处,具体表现在以下几个方面:

(1) 由于钢筋混凝土双向板挠度计算理论的欠缺,双向叠合板的变形验算不能满足要求。

(2) **叠合面是叠合板整体受力的薄弱部位。**为了提高叠合面的抗剪强度,实际工程中往往采用多种构造措施组合的方式,带肋底板和钢筋桁架组合不仅可以提高叠合面的抗剪性能,还可以提高叠合板整体的抗弯性能,而且自然粗糙面、肋和钢筋桁架对叠合面抗剪强度的作用不是简单地叠加。

(3)随着科学技术的进一步发展,新材料、新工艺逐渐应用在装配式叠合板上,能否采用钢纤维薄板、玻璃纤维网格布增强薄板、钢丝网水泥砂浆薄板等抗拉强度高的结构构件作为叠合板的底板还有待进一步试验验证。

三、设计流程

在施工中,叠合板不需要模板或只需要少量模板(跨度较大或楼板较厚时),施工过程简单;预制板在工厂预制时,需要操作规范、熟练的工人来操作;预制底板制作、养护过程非常重要,操作不当容易影响其受力性能;吊装运输至工地和在施工现场安装时也应仔细操作,每个环节都要到位;安装前应认真检查每块板的情况,对板进行详细编号,再现浇混凝土形成整体楼板。

混凝土叠合楼板的施工顺序是在现场安装好预制底板并将其清理干净,铺设设计需要的管线、构造筋等,经过二次浇筑商品混凝土从而形成整体的梁板结构,使其具有整体性,提高抗震能力。这就要求叠合板的现浇混凝土层与梁、柱的现浇混凝土同时浇筑,确保粗糙面与后浇混凝土层结合良好。预制构件的钢筋要深入梁内一定的长度,保证其符合锚固条件。开始施工前,一定要梳理好施工顺序,如果施工顺序出现错乱,那么会给施工带来很多不必要的麻烦,甚至在调换的过程中影响板的受力性能、抗震能力等。因此,装配式建筑结构施工前应制订专项施工方案,并进行模拟施工。施工方案应结合结构深化设计、构件制作、运输路线和塔吊位置确定、吊装空间保障等全过程可能会出现的情况。混凝土叠合楼板施工示意如图 5-3 所示。

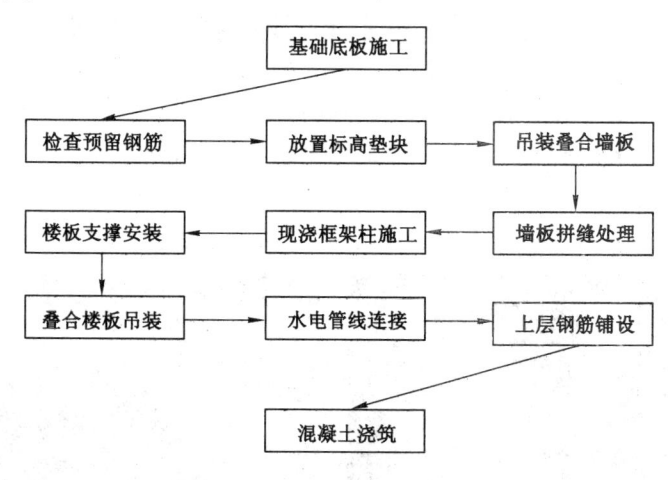

图 5-3 混凝土叠合楼板施工示意图

四、技术指标

预制混凝土叠合楼板在设计及建造过程中须符合相应的技术指标,具体包含以下几个方面:

（1）预制混凝土叠合楼板的设计及构造应符合现行国家标准《混凝土结构设计规范》（GB 50010）、《装配式混凝土结构技术规程》（JGJ 1）、《装配式混凝土建筑技术标准》（GB/T 51231）的相关要求；预制底板制作、施工及短暂状况设计应符合《混凝土结构工程施工规范》（GB 50666）的相关要求；施工验收应符合《混凝土结构工程施工质量验收规范》（GB 50204）的相关要求。

（2）相关国家建筑标准设计图集，包括《桁架钢筋混凝土叠合板（60 mm 厚底板）》（15G366-1）、《预制带肋底板混凝土叠合楼板》（14G443）、《预应力混凝土叠合板（50 mm、60 mm 实心底板）》（06SG439-1）。

（3）预制混凝土底板的混凝土强度等级不宜低于 C30；预制预应力混凝土底板的混凝土强度等级不宜低于 C40；后浇混凝土叠合层的混凝土强度等级不宜低于 C25。

（4）预制底板厚度不宜小于 60 mm，后浇混凝土叠合层厚度不应小于 60 mm。

（5）预制底板和后浇混凝土叠合层之间的结合面应设置为粗糙面，其面积不宜小于结合面面积的 80%，凹凸深度不应小于 4 mm；设置桁架钢筋的预制底板，设置自然粗糙面即可。

（6）当预制底板跨度大于 4 m 或用于悬挑板及相邻悬挑板上部纵向钢筋在悬挑层内锚固时，应设置桁架钢筋或设置其他形式的抗剪构造钢筋。

（7）预制底板采用预制预应力底板时，应采取控制反拱的可靠措施。

五、适用范围

混凝土叠合楼板跨度在 8 m 以内，广泛用于旅馆、办公楼、学校、住宅、医院、仓库、停车场、多层工业厂房等各种房屋建筑工程。

第二节 预制混凝土外墙挂板技术

预制混凝土外墙挂板作为预制混凝土建筑的重要组成部分，由于其出色的工业化产品质量，较好地解决了传统建筑外墙漏水、裂缝等难题。因此，预制混凝土外墙挂板成为当前预制混凝土建筑外墙的首选。

采用预制混凝土外墙挂板技术的成都麓湖艺展中心见图 5-4。

图 5-4 成都麓湖艺展中心

一、概述

预制混凝土外墙挂板是安装在主体结构上,起围护、装饰作用的非承重预制混凝土外墙板,简称外墙挂板。预制混凝土外墙挂板是针对建筑物外墙经过规划设计分割成的可预制板片单元,其在工厂内制作,然后运至工地现场进行吊装。它除了承受本身的自重、地震以及风压力外,并不承受其他外力。由工厂加工的混凝土外墙挂板表面经过高温处理后,材料本身的耐久性得到了加强,并且可以有效避免混凝土开裂、返碱等现场作业中的常见问题。因此,预制混凝土外墙挂板在国内建筑中的使用越来越普遍。因其可塑性较高,表面处理效果具有多样性,使建筑语义表达更加丰富,具有性能稳定、不易变色、不易开裂和无须二次上色的加工优势,所以外墙挂板越来越受到建筑设计师以及生产工厂的青睐。

外墙挂板按构件构造可分为钢筋混凝土外墙挂板、预应力混凝土外墙挂板两种形式;按与主体结构连接节点构造可分为点支承连接、线支承连接两种形式;按保温形式可分为无保温、外保温、夹芯保温三种形式;按建筑外墙功能定位可分为围护墙板和装饰墙板。各类外墙挂板可根据工程需要与外装饰、保温、门窗结合形成一体化预制墙板系统。

预制混凝土外墙挂板产品见图 5-5。预制混凝土外墙挂板现场安装图见图 5-6。

图 5-5 预制混凝土外墙挂板产品

图 5-6 预制混凝土外墙挂板现场安装图

预制混凝土外墙挂板从形式上大致分为平板式、直条式、水平带状式、包梁式、包柱式或混合式；从施工工法上来说分为干式和湿式。

预制混凝土外墙挂板可采用面砖饰面、石材饰面、彩色混凝土饰面、清水混凝土饰面、露骨料混凝土饰面及表面带装饰图案的混凝土饰面等类型的挂板，使建筑外墙具有独特的表现力。

二、特点

与传统外墙涂装相比，预制混凝土外墙挂板由工厂统一加工完成，再运输到工地进行安装，缩短了工人高空作业的时间，有效地改善了施工环境，符合建筑工业化的需求。因外墙挂板材料本身具有非常好的装饰效果，材料成型后，无须进行后期装饰加工，减少了涂装时甲醛等有害气体的产生，而且外墙挂板后期不会因为日晒雨淋等原因产生褪色、长霉等问题。

与传统石材外墙挂板相比，混凝土外墙挂板具有易成型、易加工、可塑性好等特点。以材料属性来看，传统石材不可再生，不属于环保型建材，并且大多数天然石材具有放射性，对人们的生活、工作环境易产生不良影响。

与传统的瓷砖相比，混凝土外墙挂板是大面积的外墙装饰产品，采用干挂形式，既避免了后期出现斑驳、脱落等问题，又提高了施工速度。传统瓷砖外墙脱落现象见图5-7。

图 5-7 传统瓷砖外墙脱落现象

预制混凝土外墙挂板具有以下特点：

（1）结构安全方面。在自重、地震及风荷载作用下，预制混凝土挂板及连接节点的设计满足结构计算和层间变位的要求。

（2）质量性能方面。预制混凝土挂板是高精度工装设备下生产的制品，与现浇构件相比，其作业机械化程度高、水灰比小、强度高、收缩裂缝产生可能性低、抗渗性强。预制混凝土挂板杜绝气泡、蜂窝等现象，面砖石材黏结牢固，整体耐久性远比传统现浇混凝土强。预制混凝土挂板的合理分割使徐变变形、温变变形得以分解。

（3）施工影响方面。预制混凝土工法使现场作业系统化，能够提高施工质量并缩短工期，减少钢筋、脚手架及木模作业，降低劳动强度，减少湿作业，优化工作环境，且构件的生产不受施工季节影响。

（4）成本因素方面。降低成本的因素包括：大幅降低脚手架及模板费用；节省人工开支；缩短工期，降低现场项目管理费用；加快资金周转；减少后期维护成本。增加成本的因素：增加装配金属件和防水材料的费用；增加产品增值税。

（5）环境因素方面。无论建造、使用还是维护、拆除，预制混凝土外墙挂板相比现浇混凝土施工都具有很大的优势。下面以一栋12层120户的住宅为例，比较预制混凝土工法与现浇混凝土施工对环境的影响，如表5-1所列。

表 5-1　预制混凝土工法与现浇混凝土施工对环境的影响

影响内容		单位	预制混凝土工法	现浇混凝土施工	备注
对施工现场的影响	施工用工量	工日	3 140	6 320	施工总用工量
	施工粉尘	m³	1.4	1.5	混凝土粉尘等
对现场周边的影响	施工噪声	dB	300	540	吊车、作业车辆产生噪声的总和
	施工粉尘	m³	6.4	9.1	拆模、锯屑、车辆尘土、沙土等
	出入的作业人员	人次	9 680	13 150	施工相关人员现场出入人次
	出入的施工车辆	台次	6 060	7 630	施工相关车辆现场出入台次
	影响时间	月	12.0	14.5	工期
对环境的影响	木材的使用	m³	20	68	模板的消耗、底板的余料等
	建筑垃圾	t	85	134	模板、余料、混凝土及水泥砂浆的浪费等
	建筑资源的有效利用（建筑的耐久年数）	年	100	65	按预制混凝土构件的水灰比为48%、现浇混凝土的水灰比为52%算出的使用年限

综合来看，预制混凝土外墙挂板在工厂采用工业化方式生产，具有施工速度快、质量好、维修费用低的优点，其技术主要包括预制混凝土外墙挂板（建筑和结构）设计技术、加工制作技术和安装施工技术。

三、设计流程

预制混凝土外墙挂板由于与建筑立面、结构、机电、材料、制作工艺、运输、施工均相关，诸多界面均需要在设计阶段进行考虑，而且由于构件产品化的特点，一旦进入量产阶段，其很难进行改动，否则将耗费大量的人力、时间及成本，因此，对预制混凝土外墙挂板进行深化设计是必不可少的环节。为了满足预制混凝土外墙挂板各种复杂的性能要求，设计要从前期的项目条件、细部工厂制作以及现场施工等制作流程通盘考虑。具体来说，预制混凝土外墙挂板的设计可大致分为3个阶段。

（1）计划分析阶段。本阶段主要任务是收集资料，如常规设计图纸、建筑、结构及机电等，对资料进行分析并确认该项目的预制结构体系。另外，本阶段也需要根据项目实际情况初步估算总费用及工期。

（2）基本设计阶段。本阶段是整个设计的核心阶段，这一阶段考虑得越充分，接下来工作中出现的问题就越少。设计内容主要包含：确定外墙挂板的工法（干式或湿式）；确定预制外墙挂板的部位以及探讨构件制作、运输及吊装的可行性；根据楼层高度、运输限制、塔吊能力等确定板片的平面及立面分割形式；确定板片的悬挂系统及板片厚度、配筋及缝宽等；确定板片饰面材料;确定防水及保温系统;进行费用分配及概预算等。

(3) 细部设计阶段。本阶段是施工图及构件制作图绘制阶段,根据前2个阶段的成果完成平面及立面图、板片构件图、铁件位置图、铁件接合详图、接缝详图、安装装配图、防水及保温构造详图、不同形式板片标准配筋图等,最终完成预制混凝土外墙挂板的整个设计过程。

四、技术关键

预制混凝土外墙挂板设计时应注意板型形状、设计条件、连接节点、抗风压性能、抗震性能、防水性能、保温性能、防火性能、配筋等方面。

1. 板片形式及分割

预制混凝土板片的优点在于可制作多样化的造型,但造型过于复杂,会引起制作困难、运输不便、施工效率低、易发生故障、安装难等不利后果。故预制混凝土板片在形状设计时必须进行多方面考虑。板片分割有以下几个关键点:

(1) 形状。板高一般以楼层高度(3~4 m)为准;板宽则以运送板车宽度为参考,原则上在2.5 m以下;板厚须考虑配筋、吊点预埋件、钢筋保护层、维持脱模、吊装及抗风所需要的必要强度等因素,无开口板的厚度不小于120 mm,有开口板的厚度不小于150 mm。

(2) 质量。板片的质量受制于厂商的产能、运输条件、现场施工设备等因素。一般标准板片的质量宜控制在2~3 t。

(3) 分缝。需要考虑的因素有板片形状、连接铁件位置及立面外观等。

(4) 防水。需要考虑的因素有防水宽深比的适当性、现场防水施工可行性、排水沟设置、水流入排水沟是否能有效排水、防水材料及形状的选择可行性等。

(5) 施工。需要考虑的因素有预制混凝土板的铁件与结构体安装时吊装作业是否有困难,吊装模具(钢缆)的工作适应性,铁件安装定位是否容易,是否使用特殊吊装机具等。

2. 外墙挂板连接节点形式及铁件设计

预制混凝土外墙挂板的连接节点形式有旋转式、平移式和固定式三种。

(1) 旋转式。此系统外墙挂板在连接铁件节点处设置竖向滑动孔,使预制混凝土板在发生层间位移时通过旋转避免对主体结构产生刚性约束,适用于外墙挂板形状较为竖长的情况,即当$L/H \leqslant 0.5$时采用(L为板片宽,H为板片高)。

(2) 平移式。此系统将外墙挂板的上部(或下部)铁件设计为固定,而在下部(或上部)铁件设置水平滑动孔,来吸收因地震而产生的层间变位,适用于外墙挂板形状较为横长的情况,即当$L/H \geqslant 0.5$且层间变位$\leqslant 25$ mm时采用。

(3) 固定式。此系统的外墙挂板不受层间变位的直接影响,其铁件可以以直接固定的方式接合。但是,板片过长(6.0 m)或固定的构件变形较大时,不可完全采用固定式接合,需要考虑局部造成的误差。

3. 外墙防水设计

预制混凝土板片间的防水方式主要采用密闭接合方式,还有外墙拼接方式和开放式接合方式。所谓密闭接合防水,即在预制混凝土板片外部四周接缝(垂直缝与水平缝)处以填缝剂(如聚硫化胶)作为防水材料,利用其后的聚氨酯圆条为背衬以定位控制填缝材的深度,此位于板片外端的防水系统为预制混凝土板片的第一道防水，而预制混凝土板片内端则采用合成橡胶的环管状衬垫作为第二道防水。上述以填缝剂将预制混凝土板片密封以达到防水、防气流的系统即称为密闭式接合系统。外墙拼接防水采用构造与材料防水相结合，为消除材料年久失效需要更换的隐患，采用以构造防水为主（防排结合）的方式，即采用竖直缝空腔构造排水、水平缝设减压空间与反坎构造防水的措施。从防水的可靠性看，密闭接合防水效果更好。但密闭接合须高空填缝剂施作，极为费工，且填缝剂寿命一般为20年，材料老化后需要更新。因此，近年来开放式接合的防水方式的应用越来越多，即利用等压原理，采取干式接合而不再使用填缝剂密封。

五、技术指标

支撑预制混凝土外墙挂板的结构构件应具有足够的承载力和刚度，民用外墙挂板仅限跨越一个层高和一个开间，厚度不宜小于100 mm，混凝土强度等级不低于C25，主要技术指标如下：

（1）结构性能应满足现行国家标准《混凝土结构设计规范》（GB 50010）和《混凝土结构工程施工质量验收规范》（GB 50204）的要求。

（2）装饰性能应满足现行国家标准《建筑装饰装修工程质量验收标准》（GB 50210）的要求。

（3）保温隔热性能应满足设计及现行行业标准《严寒和寒冷地区居住建筑节能设计标准》（JGJ 26）的要求。

（4）抗震性能应满足现行国家标准《装配式混凝土结构技术规程》（JGJ 1）、《装配式混凝土建筑技术标准》（GB/T 51231）的要求。与主体结构采用柔性节点连接，地震时适应结构层间变位性能好，抗震性能满足抗震设防烈度为8度的地区。

（5）构件燃烧性能及耐火极限应满足现行国家标准《建筑设计防火规范》（GB 50016）的要求。

（6）作为建筑围护结构，应与主体结构的耐久性要求一致，即不应低于50年设计使用年限，饰面装饰（涂料除外）及预埋件、连接件等配套材料耐久性设计使用年限不低于50年，其他如防水材料、涂料等应采用10年质保期以上的材料，并定期进行维护和更换。

（7）外墙挂板防水性能与有关构造应符合现行有关标准的规定，并符合《建筑业10项新技术（2017版）》的有关规定。

六、适用范围

预制混凝土外墙挂板适用于工业与民用建筑的外墙工程，可广泛应用于混凝土框架结构、钢结构的公共建筑、住宅建筑和工业建筑中。

综合来看，虽然应用预制混凝土技术建造住宅会一定程度上增加建筑成本，但从社会综合效益分析以及改善住宅品质、提高安全生产和文明施工水平、缩短施工周期、减少对熟练劳动力依赖等潜在价值来看，发展预制混凝土技术是发达国家开发建筑产品的一致选择，也是我国住宅产业化发展的必由之路。预制混凝土外墙挂板作为推广预制混凝土技术的前哨站，对其设计的研究与探讨具有重要意义。

第三节　夹芯保温墙板技术

工程建设应用中常采用的保温墙板包括外保温、内保温以及预制夹芯保温墙板。常用的外保温墙板由于基本避免了冷热桥,导致保温层外露,对保温材料的防火性能要求高,且外皮易老化、脱落(见图 5-8),维修困难。内保温墙板对内装修影响大,且内保温材料容易被损坏。预制混凝土夹芯保温墙板实现了装饰、保温与承重一体化,并能够与结构同寿命。与外保温和内保温墙板相比较,夹芯保温墙板节能效果显著,并适合建筑产业化的生产与推进。

图 5-8　外保温墙板外皮脱落

作为新型墙材的预制混凝土夹芯保温墙板具有承重和保温的双重性能,在装配式混凝土结构中得到了广泛应用。预制混凝土夹芯保温墙板包括外叶墙、内叶墙及保温层,属于复合墙板。

一、概述

三明治夹芯保温墙板(简称夹芯保温墙板)是指把保温材料夹在两层混凝土墙板(内叶墙、外叶墙)之间形成的复合墙板,可达到增强外墙保温节能性、减小外墙火灾危险性、提高墙板保温寿命从而减少外墙维护费用的目的。夹芯保温墙板一般由内叶墙、保温板、拉结件和外叶墙组成,形成类似于三明治的构造形式。内叶墙和外叶墙一般采用钢筋混凝土材料,保温板一般采用有机保温材料,拉结件一般采用纤维增强复合材料或不锈钢材料。夹芯保温墙板可广泛应用于预制墙板或现浇墙体中,而预制混凝土外墙更便于采用夹芯保温墙板技术。

根据夹芯保温墙板的受力特点,可分为非组合夹芯保温墙板、组合夹芯保温墙板和部分组合夹芯保温墙板。其中,非组合夹芯保温墙板内、外叶混凝土受力相互独立,易于计算和设计,可适用于各种高层建筑的剪力墙和围护墙;组合夹芯保温墙板的内外叶混凝土需要共同受力,一般只适用于单层建筑的承重外墙或作为围护墙;部分组合夹芯保温墙板的受力介于组合和非组合夹芯保温墙板之间,受力比较复杂,计算和设计难度较大,其应用方法及范围有待进一步研究。

非组合夹芯保温墙板一般由内叶墙承受所有的荷载作用,外叶墙起到保护保温材料的作用,两层混凝土之间可以产生微小的相互滑移,保温拉结件对外叶墙的平面内变形约束较小,可以释放外叶墙在温差作用下产生的温度应力,从而避免外叶墙在温差作用下产生开裂,使得外叶墙、保温板和内叶墙与结构同寿命。我国装配式混凝土结构预制外墙主要采用的是非组合夹芯墙板。组合夹芯墙板与部分组合夹芯墙板示意图见图5-9。

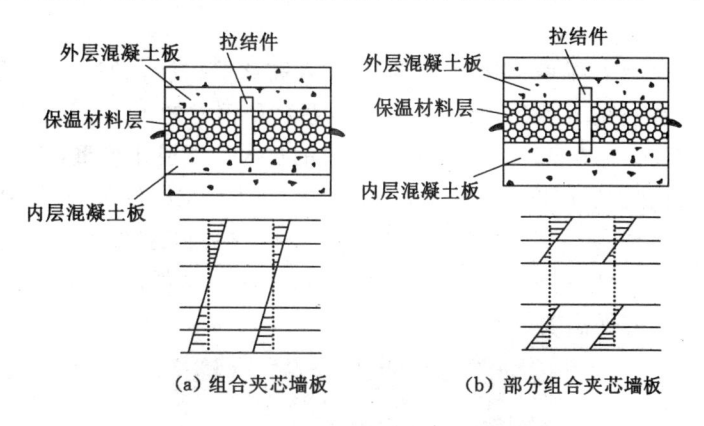

图5-9　组合夹芯墙板与部分组合夹芯墙板示意图

夹芯保温墙板中的保温拉结件布置应综合考虑墙板生产、施工和正常使用工况下的受力和变形情况。

二、拉结件

拉结件作为连接件是连接预制混凝土夹芯保温墙体的内、外叶混凝土墙板与中间夹芯保温层的关键构件,其主要作用是抵抗两片混凝土墙板之间的作用力,包括层间剪切、拉拔等。现阶段工程中常见的预制混凝土夹芯保温墙板的拉结件主要有两种:不锈钢拉结件和纤维增强复合塑料(FRP)拉结件。

(1) 不锈钢拉结件。不锈钢拉结件考虑拉结件的使用会引起冷热桥,选取不锈钢拉结件可降低冷热桥效应。现阶段常用的不锈钢拉结件包括平板锚固件、筒式锚固件、支撑锚固件、桁架式拉结件等。哈芬不锈钢拉结件如图5-10所示。

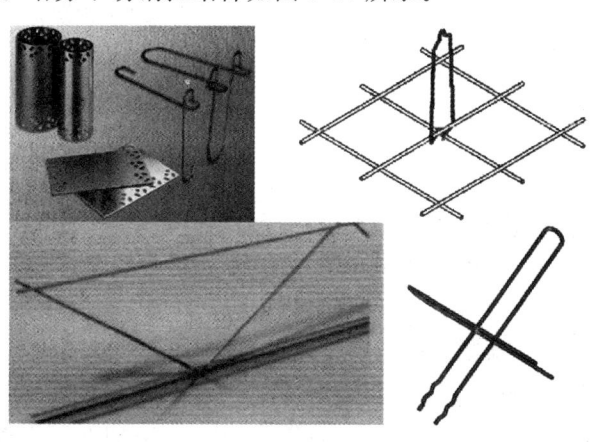

图5-10　哈芬不锈钢拉结件

不锈钢拉结件与传统的斜负筋相比具有用材少、热桥大幅度降低、承载力高的优点,且使用数量少。在夹芯板需要旋转的情况下,其效益更明显。

(2) FRP拉结件。通常情况下,预制混凝土夹芯保温墙板的外叶墙不承重,只起到保护层的作用。当预制夹芯墙的拉结件采用FRP拉结件时,FRP起到的作用是将外叶墙的自重传递给内叶墙。

FRP拉结件是一种纤维增强塑料,有时会加入高性能树脂,经过金属模具高温固化后拉挤成型。FRP拉结件的导热系数低,它的导热系数是钢材的1/150,是不锈钢材的1/50。由于FRP是一种塑料,它在95~150 ℃高温环境的抗火性能退化严重,所以FRP拉结件需要一定的保护层,其保护层厚度要求在25 mm以上。FRP拉结件可分为棒状拉结件、片状拉结件及格构式拉结件,如图5-11所示。片状拉结件与格构式拉结件由于截面尺寸较大及抗弯强度和刚度较大,一般用于组合夹芯保温墙板;棒状拉结件由于抗弯强度及刚度较小,一般用于部分组合夹芯保温墙板。

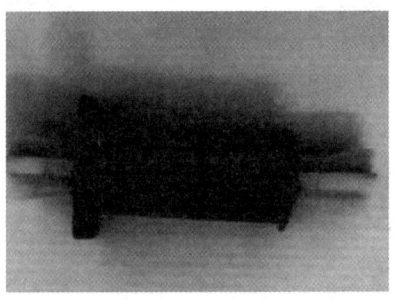

(a) 棒状拉结件

(b) 片状拉结件 　　(c) 格构式拉结件

图5-11　FRP拉结件

三、工艺流程

由于预制夹芯保温墙板由三层结构组成,因此设计时必须考虑整体性。为了满足结构要求,设置拉结件将外叶墙、保温层及内叶墙连接在一起,但日常工程应用中常常出现拉结件松动或者放置不到位的现象,因此在制作过程中应严格把控。

当采用FRP拉结件时,预制墙板的制作流程为:先铺设外叶混凝土板,并在模板内铺设外叶混凝土板纵、横向布置钢筋,浇筑混凝土至指定厚度;在浇筑好的外叶混凝土板上铺设保温层,保温层提前预留FRP拉结件的孔洞,将拉结件插入孔槽;在保温板上铺设内叶混凝土板纵、横向布置钢筋,并浇筑混凝土至指定厚度。另外,外叶墙板的混凝土坍落度应该适当提高,保证拉结件与混凝土的整体性,将拉结件插入外叶墙板后旋转180°。

预制夹芯保温墙板制作完成后,要避免直接暴露在日晒风吹环境下,防止其发生收缩导致墙板弯曲,影响使用。

在实际工程中,人们对夹芯保温墙板的认识还存在一些误区。

一是预制混凝土夹芯保温墙板应该进行混凝土封边。由于温度的影响,夏季雨水较多导致温度下降,冬季太阳直射墙板导致温度升高,使得预制夹芯保温墙板的保温层和混凝土发生不同程度的弯曲,如图5-12所示。如果对预制夹芯保温墙板进行混凝土封边,将会导致以下危害:① 冷热桥效应加重。试验证明,每一个 200 mm×200 mm 钢筋混凝土的热阻损失可高达5%,若对墙板进行封边,将会增大钢筋混凝土使用量,使得冷热桥效应明显加重。② 实际工程与设计模型差距悬殊。由于混凝土的刚度远远大于保温墙板拉结件的刚度之和,所有保温墙板拉结件几乎不承受外叶墙自重。当混凝土封边发生脆性破坏时,所有拉结件受到动力荷载作用,可能出现脆断现象,增加了外叶墙掉落的风险。

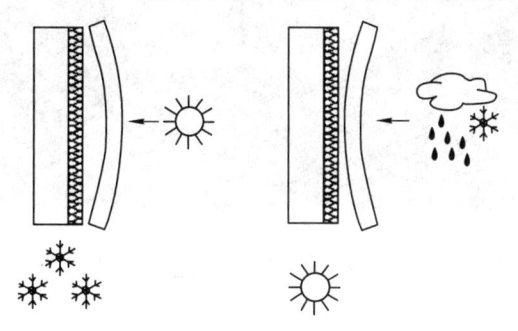

图 5-12 温度变化导致预制墙板弯曲

二是保温板双面做成粗糙面,增大保温层与混凝土的黏结力。在现浇混凝土墙板中,一般采用增加保温板粗糙度的方法来提高混凝土层与保温层的黏结力,而在预制夹芯保温墙板中,保温层外贴外叶墙的一面不宜过于粗糙。由于温度变化使得保温层与外叶墙的弯曲收缩程度不同,若增加粗糙度,容易导致黏结部位松动,增加了外叶墙板脱落的风险。

四、技术指标

夹芯保温墙板的设计应该与建筑结构同寿命,墙板中的保温拉结件应具有足够的承载力和变形性能。非组合夹芯保温墙板应遵循"外叶墙混凝土在温差变化作用下能够释放温度应力,与内叶墙之间能够形成微小的自由滑移"的设计原则。

对于非组合夹芯保温外墙的拉结件在与混凝土共同作用时,承载力安全系数应满足以下要求:对于抗震设防烈度为7度、8度地区,考虑地震组合时承载力安全系数不小于3.0,不考虑地震组合时承载力安全系数不小于4.0;对于9度及以上地区,必须考虑地震组合,承载力安全系数不小于3.0。

非组合夹芯保温墙板的外叶墙在自重作用下垂直位移应控制在一定范围内,内、外叶墙之间不得有穿过保温层的混凝土连通桥。

夹芯保温墙板的热工性能应满足节能计算要求。拉结件本身应满足力学、锚固及耐久等性能要求,拉结件的产品与设计应用应符合有关标准的规定。

五、适用范围

夹芯保温墙板技术适用于高层及多层装配式剪力墙结构外墙挂板、高层及多层装配式框架结构非承重外墙挂板、高层及多层钢结构非承重外墙挂板等外墙形式,可用于各类居住与公共建筑。采用夹芯保温墙板技术的住宅楼效果图见图 5-13。

图 5-13 采用夹芯保温墙板技术的住宅楼效果图

第四节 叠合剪力墙结构技术

随着建筑工业化的逐渐推进,各种形式的装配式结构体系相继出现,叠合剪力墙结构体系引入较晚,其吸收了现浇混凝土结构与预制混凝土结构的优点,整体性能较好。

一、概述

叠合剪力墙结构是指采用两层带格构钢筋(桁架钢筋)的预制墙板,现场安装就位后,在两层墙板中间浇筑混凝土,辅以必要的现浇混凝土剪力墙、边缘构件、楼板,共同形成叠合剪力墙结构,如图 5-14 所示。在工厂生产预制构件时,设置桁架钢筋,既可作为吊点,又能增加平面外刚度,防止起吊时构件开裂。在使用阶段,桁架钢筋作为连接墙板的两层预制片与二次浇筑夹芯混凝土之间的拉结筋,可提高结构整体性能和抗剪性能。同时,这种连接方式区别于其他装配式结构体系,板与板之间无拼缝,无须做拼缝处理,防水性好。

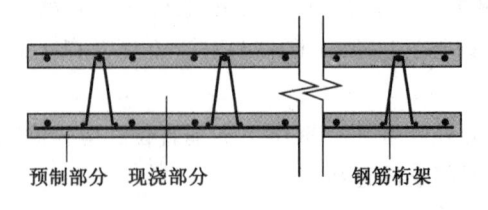

图 5-14 叠合剪力墙结构

利用信息技术,将叠合式墙板和叠合式楼板的生产图纸转化为数据格式文件,直接传输到工厂主控系统读取相关数据,并通过全自动流水线,辅以机械支模手进行构件生产,所需人员少,生产效率高,构件精度达毫米级。同时,构件形状可自由变化,在一定程度上解决了"模数化限制"的问题,突破了个性化设计与工业化生产的矛盾。

二、特点

叠合剪力墙结构综合了预制结构施工速度快及现浇结构整体性好的优点,预制部分不仅大范围地取代了现浇部分的模板,而且为剪力墙结构提供了一定的结构强度,还能为结构施工提供操作平台,减轻支撑体系的压力。

剪力墙外墙采用预制单面叠合保温外墙板。剪力墙在厚度方向划分为四层,即外叶板、保温层、空腔和内叶板。外叶板不承重,外叶板和保温层通过拉结件与内叶板相连。剪力墙一侧钢筋预埋在内叶板中,另一侧钢筋外露在空腔中,通过桁架钢筋与内叶板连接。剪力墙现场安装后,上下构件的竖向钢筋和左右构件的水平钢筋在空腔内布置、搭接,然后浇筑混凝土形成实心墙体。下面分析实心剪力墙和叠合剪力墙的特点。

1. 实心剪力墙

(1) 实心剪力墙自重大,对生产、运输、吊装设备设施的要求高。

(2) 实心剪力墙端部须预留出钢筋,便于与相邻构件装配连接。生产时,需要在模具上定制孔洞,生产工艺复杂,模具重复使用率和生产效率低。

(3) 实心剪力墙生产时其端部有预留钢筋,不便于后期吊装、运输和存放。同时,预留出的钢筋易受扰动而产生变形,导致安装施工时定位困难。

(4) 实心剪力墙上下连接时,多采用套筒灌浆方式。上下剪力墙的钢筋精准对位对设计、施工的要求很高,但在实际工程项目中容易出现上下钢筋定位不准确、定位难的情况,导致施工质量难以保证。

(5) 实心剪力墙上下连接的钢筋较多,套筒和专用灌浆料的价格昂贵。

2. 叠合剪力墙

(1) 叠合剪力墙自重相对实心剪力墙小,便于生产、施工、运输。

(2) 叠合剪力墙端部无预留钢筋,模具重复使用率高,生产工艺简单,能够降低生产成本,提高生产效率。

(3) 叠合剪力墙上下、左右连接利用现浇层和现浇边缘构件等,采用插筋连接,施工便捷,无钢筋与套筒定位的问题,施工质量便于保证。

(4) 双面叠合剪力墙可将保温体系进行一次性预制复合,实现保温节能一体化和外墙装饰一体化。

(5) 夹芯保温叠合剪力墙的墙身中间浇筑 150 mm 厚自密实混凝土,防水性能较好。

三、施工流程

叠合剪力墙结构体系因其 70% 工作量在工厂内完成,现场施工主要为叠合墙板的安装及现浇层、连接构件的混凝土浇筑。叠合剪力墙施工与普通剪力墙施工基本相同。具体施工流程:测量放线→检查调整墙体竖向预留钢筋→控制固定墙板位置→放置水平标高控制垫块→吊装墙板→安装固定墙板斜支撑→安装附加钢筋→现浇加强部位钢筋绑扎→现浇部位支模→预制墙板底部及处理拼缝→检查验收→浇筑混凝土墙板。

根据叠合墙板安装需要,在底板施工时预埋竖向插筋。为了准确地安装叠合墙板,事先应放线,将方木沿线固定在底板上,之后沿着定位方木吊装叠合墙板,并用塑料垫片调整叠合墙板的水平方向和高度。

叠合墙板可以从堆放场地或直接从车上起吊,起吊过程中,要注意对墙板上角和下角的保护。应按照安装图和安装顺序进行吊装,原则上宜从离吊车或者塔吊最远的墙板开始吊装;吊装叠合墙板时,采用两点起吊的方法,保证其垂直平稳,吊绳与水平面夹角不宜小于60°,吊钩应采用弹簧以防开钩;起吊时,采用缓冲块(橡胶垫)来保护墙板下边缘,以防止墙板损伤;起吊后要缓慢地将墙板放置于垫片之上,调整好其水平度和垂直度。

每块叠合墙板需用两根斜支撑。用螺钉将斜支撑的一端固定在墙板 2/3 高度位置的预埋件上,另一端固定在底板上。斜支撑一方面用来矫直墙板,另一方面在浇筑混凝土时起固定作用。叠合墙板中钢筋密集,现浇层截面小,不便采用普通混凝土进行浇筑,采用振捣器进行插入式振捣也有困难,因此,应采用设计强度等级高的自密实高性能混凝土进行浇筑。

安装附加钢筋时,应根据设计图纸(或构造节点)要求设置现浇约束边缘构件,可先安装预制墙板,再绑扎现浇约束边缘构件的钢筋;也可先绑扎约束边缘构件的钢筋,再安装预制墙板,最后绑扎连接钢筋。

在绑扎现浇加强部位钢筋时,叠合墙板安装就位后,连接或敷设水电管线,然后安装叠合墙板拼缝处附加钢筋。附加钢筋可在一块墙板安装完成后置入,待相邻墙板安装就位后拉出绑扎。

现浇部位支模是待约束边缘构件钢筋安装完成并经检查验收后进行安装的。现浇约束边缘构件部位的模板宜采用配制好的整体定型钢模或木模,以利于快速安拆。安装时保证现浇部位的表面质量及与预制墙板的接茬质量。

叠合墙板与地面(楼面)间预留的水平缝隙,用 50 mm×50 mm 的木方进行封堵,并用射钉将其固定在地面上;叠合墙板之间的竖向缝隙可以用直木方(板)封堵。用木方(板)封堵内墙缝隙时,木方高度要与叠合墙板上口标高一致,以满足浇筑混凝土的要求。

除以上施工流程外,在施工中应注意以下问题:

① 混凝土浇筑前,叠合墙体构件内部空腔必须清理干净,墙板内表面必须用水充分湿润。

② 混凝土强度等级应符合设计要求,当墙体厚度小于 250 mm 时,墙体施工宜采用细石自密实混凝土,同时掺入膨胀剂。浇筑时,保持水平向上分层连续浇筑,浇筑高度每小时不宜超过 800 mm,否则需要重新验算模板压力及格构钢筋之间的距离,确保墙板的刚度。

③ 当墙体厚度小于 250 mm 时,混凝土振捣应选用 $\phi 30$ mm 以下的微型振捣棒。

④ 每层墙体混凝土应浇灌至该层楼板底面以下 300~450 mm 并满足插筋的锚固长度要求。剩余部分应在插筋布置好之后与楼板混凝土浇灌成整体。

叠合剪力墙施工现场见图 5-15。

图 5-15　叠合剪力墙施工现场图

四、技术指标

叠合剪力墙结构采用与现浇剪力墙结构相同的方法进行结构分析与设计,其主要力学技术指标与现浇混凝土结构相同,但当同一层内既有预制抗侧力构件又有现浇抗侧力构件时,地震设计状况下宜将现浇水平抗侧力构件在地震作用下的弯矩和剪力乘以不小于1.1的增大系数。高层叠合剪力墙结构的建筑高度、规则性、结构类型应满足《装配式混凝土建筑技术标准》(GB/T 51231)等标准要求。

叠合剪力墙结构与构件的设计应满足《建筑结构荷载规范》(GB 50009)、《建筑抗震设计规范》(GB 50011)、《混凝土结构设计规范》(GB 50010)和《装配式混凝土建筑技术标准》(GB/T 51231)等现行国家标准要求。

叠合剪力墙厚度一般不大于250 mm,两侧预制板间的空腔净距常取100 mm的最小值。为保证空腔内和接缝处混凝土浇筑质量,空腔内以及边缘构件现场浇筑的混凝土宜采用自密实混凝土;当采用普通混凝土时,混凝土粗骨料最大粒径不应大于25 mm。

五、适用范围

叠合剪力墙结构适用于抗震设防烈度为6~8度的多层、高层建筑,包含工业与民用建筑。由于具有良好的整体性和防水性能,叠合剪力墙结构还适用于地下工程,包含地下室、地下车库、地下综合管廊等。叠合剪力墙结构房屋的最大适用高度见表5-2。

表 5-2　叠合剪力墙结构房屋的最大适用高度

抗震设防烈度	最大适用房屋高度/m
6 度	100
7 度	80
8 度	60

注:房屋高度指室外地面到主要屋面的高度,不包括局部突出屋顶的部分。

第五节　钢筋套筒灌浆连接技术

由于预制装配式结构存在大量的水平缝和竖直缝,因此这种结构的主要问题就是其整体性能能否满足抗震的需要。装配式建筑结构关键技术是构件之间节点连接技术。目前,世界各国装配式建筑结构构件之间的节点连接方式主要分为两大类:湿连接和干连接。湿连接主要有套筒灌浆连接、浆锚连接,干连接主要有螺栓连接、机械连接等,这里主要介绍钢筋套筒灌浆连接技术。套筒灌浆连接技术在欧美国家和日本等应用非常广泛。1960年,美国余占疏博士针对预制装配式建筑结构中的节点连接问题发明了钢筋套筒连接器,并首次将此技术应用于一栋38层高的装配式建筑,用于预制柱的连接。1972年,该项技术专利被日本一个机械加工公司购买,后经过试验改良成了较短的Tops Sleeve(日本TTK公司持有的套筒技术)。1984年,日本专家和学者研发了一种名为NMB(日本NMB公司持有的全灌浆套筒技术)的套筒,广泛应用于装配式建筑中。

一、概述

钢筋套筒灌浆连接技术是指将带肋钢筋插入内腔为凹凸表面的灌浆套筒,通过向套筒与钢筋的间隙灌注专用高强水泥基灌浆料,灌浆料凝固后将钢筋锚固在套筒内实现预制构件连接的一种钢筋连接技术。该技术将灌浆套筒预埋在混凝土构件内,在安装现场从预制构件外通过注浆管将灌浆料注入套筒,来完成预制构件钢筋的连接,是预制构件中受力钢筋连接的主要形式,主要用于各种装配整体式混凝土结构的受力钢筋连接。

钢筋套筒灌浆连接接头由钢筋、灌浆套筒、灌浆料三种材料组成,其中灌浆套筒分为半套筒和全套筒,半套筒灌浆接头的连接一端为灌浆连接,另一端为机械连接。全套筒灌浆连接如图5-16所示。这种连接接头两侧钢筋都被灌浆料包裹,灌浆口用于灌浆料的注入,排浆口用于注入灌浆料时的排气。这种连接接头多用于预制装配式梁钢筋等竖向预制构件的受力钢筋和水平预制受力构件纵向受力钢筋的连接,图5-17为全套筒灌浆连接用于装配式梁钢筋示意图。

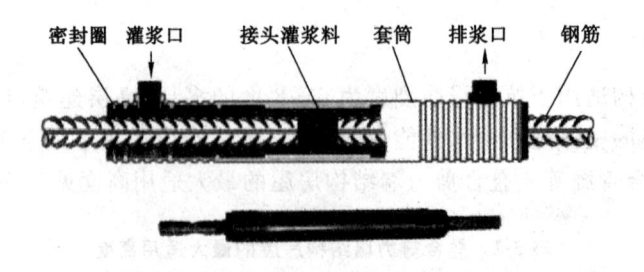

图5-16　全套筒灌浆连接示意图

半套筒灌浆接头连接如图5-18所示,这种连接接头是直螺纹套筒和常规内腔有凹槽的套筒的结合体,在预制结构构件时,先把一侧钢筋和直螺纹套筒一端连接,并且无须灌浆,另一端现场安装连接结构构件的预埋钢筋,然后在套筒内部灌入灌浆料。这种连接方式多用于预制装配式剪力墙、预制柱钢筋等竖向预制构件的受力钢筋的连接,见图5-19和图5-20。

套筒灌浆施工后,灌浆料同条件养护试件的抗压强度达到 35 MPa 后,方可进行对接头有扰动的后续施工。

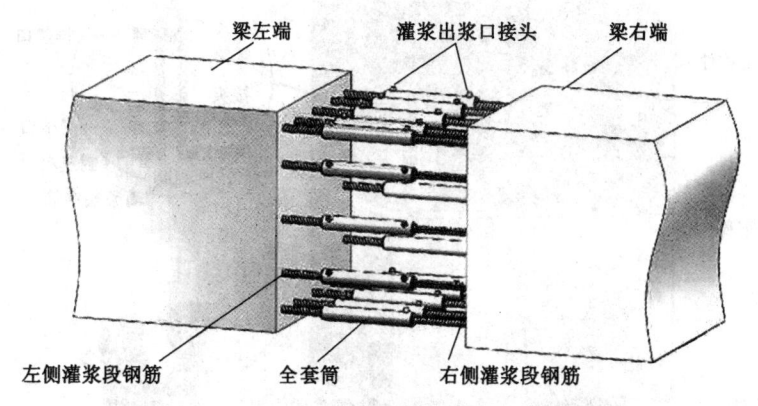

图 5-17 全套筒灌浆连接用于装配式梁钢筋示意图

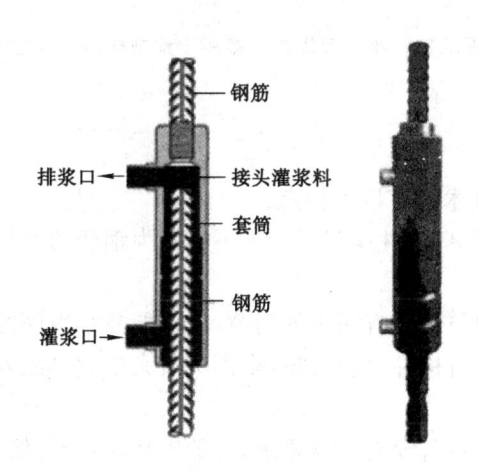

图 5-18 半套筒灌浆连接示意图

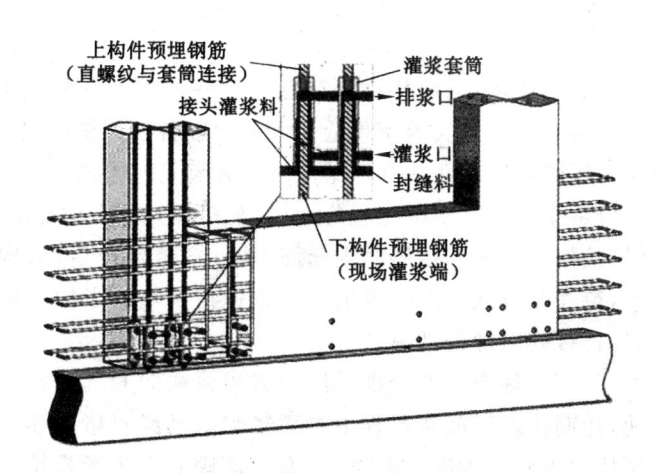

图 5-19 半套筒灌浆连接用于预制装配式剪力墙示意图

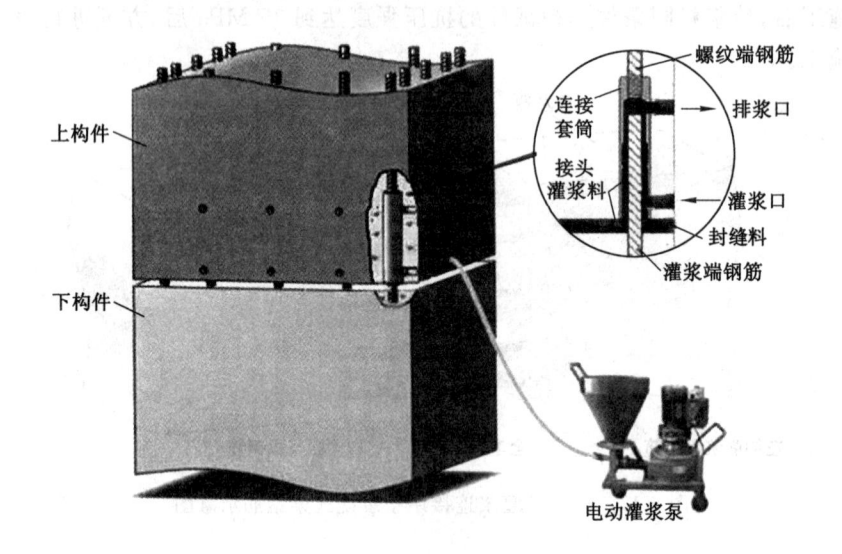

图 5-20 半套筒灌浆连接用于预制柱钢筋示意图

二、特点

钢筋套筒灌浆连接技术具有以下特点：

（1）钢筋之间结合简单，构件端部混凝土不会因为钢筋的连接而造成损伤，结合部表面平整。

（2）由于套筒的孔口与钢筋有一定的间隙，因此能减小构件的制造误差和安装偏差。

（3）现场施工时可先将构件吊装就位，全部吊装完毕后再注入灌浆料，从而提高吊装设备的使用率。

（4）施工时对人员和设备没有特殊要求，且低碳环保，受气候条件的制约小。

（5）连接可靠，检验方便，通过肉眼观察就可判定是否符合质量要求。

三、设计流程

钢筋套筒灌浆连接施工流程：竖向构件吊装前分仓→根据分仓粘贴 PE 条→竖向构件吊装完成（验收合格）→封仓→浆料实验室检验→施工前准备→严格按照配合比搅拌浆料→浆料静置 2 min 消泡并测试其流动性→制作试件→安装灌浆腔体编号→灌浆→填写施工记录并留下影像资料→资料整理。在实际工程应用中，套筒预先埋入构件的连接端。

现场施工时，在连接构件的外露钢筋插入套筒、构件安装定位后，从构件侧面的灌浆口向套筒内灌入灌浆料，待灌浆料从排浆口流出后立刻进行封堵。当构件静置到灌浆料强度达到设计要求时，构件连接施工即告结束。

灌浆使用专用灌浆设备，逐个或者分批采用压力灌浆法向套筒灌浆。通过控制注浆压力来控制注浆料流速，控制依据以灌浆过程中本灌浆腔内已经封堵的灌浆口或排浆口的橡胶塞能抵抗低压注浆压力不脱落为准，如果橡胶塞脱落则立即重新塞堵并调节压力。若出现漏浆现象则停止灌浆并处理漏浆部位，漏浆严重则提起墙板重新封仓、灌浆。灌浆时，所有灌浆口、排浆口均不进行封堵，当灌浆口、排浆口开始往外溢流浆料且溢流面充满灌浆口、排浆口截面时立即塞入橡胶塞进行封堵。

灌浆施工质量与建筑整体性及正常使用安全性紧密关联,灌浆施工是装配式建筑中最重要的分项工程。灌浆施工技术要点如下:

(1) 灌浆料搅拌好后静置 3 min 左右,待灌浆料无气泡时方可使用。为保证灌浆施工的密实性,一般灌浆料的流动度为 200~300 mm。

(2) 灌浆前需要对灌浆口内用水进行润湿,以保证灌浆料与构件可靠连接。

(3) 灌浆料必须由灌浆口注入,当灌浆料从上部排浆口溢出时视为注浆完成。

(4) 灌浆过程中如果发生封堵砂浆破裂导致漏浆等情况,应该停止灌浆,及时清洗灌浆缝,然后重新封堵、灌浆。

四、技术指标

钢筋套筒灌浆连接技术的应用须满足国家现行标准《装配式混凝土结构技术规程》(JGJ 1)、《钢筋套筒灌浆连接应用技术规程》(JGJ 355)和《装配式混凝土建筑技术标准》(GB/T 51231)的相关规定。钢筋套筒灌浆连接的传力机理比传统机械连接复杂,《钢筋套筒灌浆连接应用技术规程》(JGJ 355)对钢筋套筒灌浆连接接头性能、型式检验、工艺检验、施工与验收等有专门要求。

灌浆套筒按加工方式分为铸造灌浆套筒和机械加工灌浆套筒。铸造灌浆套筒材料宜选用球墨铸铁,机械加工灌浆套筒材料宜选用优质碳素结构钢、低合金高强度结构钢、合金结构钢或其他经过接头型式检验确定符合要求的钢材。

灌浆套筒的设计、生产和制造应符合现行行业标准《钢筋连接用灌浆套筒》(JG/T 398)的相关规定,专用水泥基灌浆料应符合现行行业标准《钢筋连接用套筒灌浆料》(JG/T 408)的各项要求。

套筒材料主要性能指标:球墨铸铁灌浆套筒的抗拉强度不小于 550 MPa,断后伸长率不小于 5%,球化率不小于 85%;各类钢制灌浆套筒的抗拉强度不小于 600 MPa,屈服强度不小于 355 MPa,断后伸长率不小于 16%;其他材料套筒符合有关产品标准要求。

灌浆料主要性能指标:初始流动度不小于 300 mm,30 min 流动度不小于 260 mm,1 d 抗压强度不小于 35 MPa,28 d 抗压强度不小于 85 MPa。

套筒材料在满足断后伸长率等指标要求的情况下,可采用抗拉强度超过 600 MPa(如 900 MPa、1 000 MPa)的材料,以减小套筒壁厚和外径尺寸,也可根据生产工艺采用其他强度的钢材。灌浆料在满足流动度等指标要求的情况下,可采用抗压强度超过 85 MPa(如 110 MPa、130 MPa)的材料,以便连接大直径钢筋、高强钢筋及缩短灌浆套筒长度。

灌浆施工质量控制措施如下:

(1) 剪力墙吊装阶段。根据事前划分的分仓图,在预制墙体外侧保温层对应部位粘贴 30 mm×35 mm 的 PE 条。PE 条不得占用保温板内侧的灌浆墙体,且不得影响墙体的有效截面。在构件下方水平连接面预先放置 10~20 mm 厚垫块,确保连通灌浆口的最小间隙符合要求。吊装前应对剪力墙构件套筒进行全面检查,排除套筒堵塞等情况。吊装时注意墙体定位,确保钢筋与套筒之间存在一定的缝隙,从而保证浆料能顺利填满整个套筒。

(2) 剪力墙灌浆阶段。预制剪力墙应采用封缝料对构件拼装连接面四周进行密封。尺寸大的墙体连接面采用密封浆做分仓隔断。在现场做模拟灌浆试验,确认灌浆料能充满整个灌浆连通腔和接头,保证在灌浆压力作用下构件周边密封可靠;现场灌浆料应进行复验,合格后方可使用。

灌浆施工质量验收的标准如下:

(1) 灌浆前应对进场钢筋进行结构工艺检验,并按接头提供单位提供的施工操作要求施工。工艺检验应由构件厂委托专业检测机构进行,施工单位在构件进场时应检查工艺检验报告。

(2) 灌浆套筒进场时,应由构件厂按同一批号、同一类型、同一规格的灌浆套筒,不超过1 000 个为一批随机抽取 3 个灌浆套筒制作对中连接接头试件,并进行抗拉强度检验。施工单位应检查质量证明文件和抽样检验报告。

(3) 灌浆料进入施工现场时,施工单位按同一成分、同一批号的灌浆料,不超过 50 t 为一批随机取料制作试件,对 30 min 流动度、泌水率、3 d 和 28 d 抗压强度、3 h 竖向膨胀率、24 h 和 3 h 竖向膨胀率差值进行检验。

(4) 灌浆施工过程中,施工单位应按每工作班取样不少于 1 次、每楼层不少于 3 次,取 1 组 40 mm×40 mm×160 mm 试件,在标准养护 28 d 时进行抗压强度试验。整个灌浆过程应在监理旁站下进行,并做好灌浆时间、温度部位、构件名称、仓体编号、水灰比等信息的记录工作。

五、适用范围

钢筋套筒灌浆连接技术适用于装配整体式混凝土结构中直径 12～40 mm 的 HRB400、HRB500 钢筋的连接,包括预制框架柱和预制梁的纵向受力钢筋、预制剪力墙竖向钢筋等的连接,也可用于既有结构改造现浇结构竖向及水平钢筋的连接。

第六节 装配式混凝土结构建筑信息模型技术

建筑信息模型(BIM)技术通过建立虚拟的建筑工程三维模型,利用数字化技术,为该模型提供完整的、与实际情况一致的建筑工程信息库。该信息库不仅包含描述建筑物构件的几何信息、专业属性及状态信息,而且包含非构件对象(如空间、运动行为)的状态信息。这个包含建筑工程信息的三维模型大大提高了建筑工程的信息集成化程度,为建筑工程项目的相关方提供了一个工程信息交换和共享的平台。

一、概述

利用 BIM 技术,可以实现装配式混凝土结构的设计、生产、运输、装配、运维的信息交互和共享以及装配式建筑全过程一体化协同工作。应用 BIM 技术,对装配式建筑、结构、机电、装饰装修全专业协同设计,实现建筑、结构、机电、装饰装修一体化。设计三维模型直接对接生产、施工,实现设计、生产、施工一体化。

BIM 技术中标准化设计包括标准化 BIM 构件库的建立、BIM 可视化设计、BIM 构件拆分及优化设计、BIM 协同设计和 BIM 性能化分析。其中,BIM 性能化分析主要包括以下几个方面:

(1) 建筑物动态热模拟

建筑物动态热模拟主要是运用BIM软件强大的分析能力,对建筑物与外部环境之间的能量(如热能、风能)传递进行模拟分析。基于BIM软件建筑设计,建立一个关于建筑物自身的三维可视化信息模型,对建筑物自身的数据和外部数据进行收集并分析。例如,计算太阳对项目整体的辐射导致的建筑结构导热对项目全年暖通空调设备的能耗,以此为依据制订设计方案与设备选择方案等。

(2) 日光与阴影模拟

日光与阴影模拟通过建立模型将项目整体与日光及阴影的投射效果进行模拟演示。可以通过日光与阴影模拟确定建筑物接收的室外光的量,来确定项目中房屋的朝向等问题。

(3) 流体动力学(CFD)分析模拟

CFD分析模拟主要应用于航空、航天领域。近些年,由于对建筑项目要求的提高,该分析模拟也被引入建筑业中。通过模型的建立,配合相关的BIM软件对房屋内空气流动与传热进行有效的分析与模拟,可以得到空调空间的气流计算数据、暖通设备的优化数据以及风力与浮力双重作用的自然通风、排烟通风等数据信息,大大提高建筑设计品质,改善业主居住环境。

(4) 火灾与疏散分析

火灾与疏散分析将火灾或突发事件导入BIM中并与之关联进行提前预演,提前制订一套切实可行的疏散方案,减少人员生命及财产损失。

(5) 建筑声环境分析

建筑在施工期间会对周边的环境造成影响,主要是交通及噪声污染。通过BIM配合地理信息系统(GIS),了解建筑周边的交通状况、居民小区排布和居民居住情况等,利用建筑声环境分析,最大限度地降低噪声对周边的影响,合理安排车辆进、出现场时间,错开早、晚高峰时间,实现绿色施工。

二、特点

装配式混凝土结构BIM技术具有以下特点:

(1) 多专业、多行业间的协同施工及管理

与传统项目管理不同,装配式建筑施工可以多专业、多阶段同时施工。传统项目管理施工过程多为流水施工,这种施工模式使各个阶段的工作环环相扣,一个阶段的工作滞后可能会影响后续工作的进度乃至整个工期。装配式建筑各专业可并行同时施工,也可多个工作面同时工作,项目管理灵活。此外,装配式建筑整个生产过程是多行业间的协同施工和管理。装配式建筑构件从生产、运输到装配各个环节需要不同专业及各参与方的协同配合,尤其要做好构件的跟踪、管理,既要满足施工进度要求,又要避免在施工现场堆放时间过长,这样才能保证构件质量的同时避免影响现场作业。构件的吊装需要技术人员协调配合,使其满足精度要求,同时项目管理人员要做好协调管理工作,保证构件安装质量。

(2) 现场建造工艺及施工技术重点转移

装配式建筑相对传统现浇建筑的建造工艺及施工技术有很大不同。传统现浇建筑工艺基本流程为工作面平整→钢筋绑扎→模板搭建→混凝土现浇→混凝土养护,天气恶劣(如遇雨雪)时须对混凝土进行特殊处理与保护,以保证施工质量。装配式建筑的构件在工厂生产,施工现场不需要钢筋绑扎、支模、混凝土养护等工序,不仅能减少工期和人工,而且工作环境比较稳定,有利于控制建筑的质量。装配式建筑现场建造工艺的改变使施工技术的重

点发生转移,其现场施工偏重于构件的连接,即构件连接技术是装配式建筑的重点。

(3) 信息化管理需求强

装配式建筑项目管理信息化程度高,全生命周期都需要信息传递和共享。设计时,各专业设计师需要信息共享、协同设计,并与业主、客户沟通,满足个性化设计的需要。设计人员将设计方案及时传递给工厂技术人员及相关管理人员,以生产加工合适的部品、构件。物流运输过程中,要对车辆和部品、构件进行定位追踪,了解运输进度。现场施工安装时,各专业人员应紧密配合,以保证装配施工的质量,尤其当发生工程变更时,应及时进行信息传递与沟通,采取相应措施。后期的建筑运营维护更需要在建筑信息的基础上进行智能化管理应用。因此,装配式建筑具有强烈的信息化管理需求,各方需要研发信息管理系统,满足管理的需要。

装配式建筑的核心是"集成",BIM方法是"集成"的主线。这条主线串联起设计、生产、施工、装修和管理的全过程,服务于设计、建设、运维、拆除的全生命周期。通过数字化虚拟、信息化描述各种系统要素,实现信息化协同设计、可视化装配。通过工程量信息的交互和节点连接模拟及检验等全新运用,整合建筑全产业链,实现全过程、全方位的信息化集成。

BIM技术在经济计量分析方面主要分为前期控制、中期控制和后期控制。

前期控制:通过BIM技术的多维建模手段(三维模型、进度划分、施工模拟、成本聚类等)进行真实化虚拟建造,准确有效地对各个方案进行预估算统计,在成本预算及利益最大化的造价技术方面提高预决算效率。

中期控制:通过BIM的工程造价运作,实现在施工过程中的成本最优化利用及成本最低化管理,让工程的智能化充分发挥作用。

后期控制:BIM技术的运用可大大提高工程结算工作的准确率与效率。BIM的信息化系统大数据库以及协同管理平台的实时信息共享功能大大减少了后期对工程实际情况的调查工作量。

三、设计流程

目前,常规的BIM设计方法是基于等同现浇结构基本设计概念。首先,确定结构体系,进行结构布置,计算分析结构整体,协同设计水电暖专业,完成建筑的施工图设计。然后,在施工图的基础上,进行预制构件的布置、预制构件连接节点等专项设计工作。最后,展开预制构件的深化设计工作。在此设计过程中,涉及多专业的协同工作,在建筑规划方案阶段即应考虑预制构件的布置、生产、运输、安装等问题,对设计、生产、安装提出了较高的要求。

基于BIM技术,由不同专业的设计人员为该项目创建建筑、结构、给排水等三维信息化模型,进而建立装配整体式混凝土建筑模型。设计人员可进行预制构件布置、连接节点设计,同时完成校核钢筋、水电管线和孔洞等工作,进行钢筋、水电管线的碰撞检查和预制构件的安装模拟检查,以显示钢筋、水电管线是否存在碰撞,预制构件的安装方案是否合理等内容。预制构件生产企业可通过BIM对预制构件生产阶段的劳务、材料、设备等的需用量进行模拟计算和优化,生产、机电等专业能够在同一平台上协同工作,减少不同专业间的交叉工作,从而提高生产效率和准确率,降低整体生产成本。施工企业可在施工前通过BIM模拟预制构件吊装施工的工作,根据预制构件安装顺序、后浇节点的钢筋布置等三维模型,制作预制构件吊装施工模拟视频,在实际施工开始之前对预制构件吊装施工方案进行合理优化，进而提高安装效率、降低施工难度和施工成本。

四、技术指标

BIM技术指标主要有支撑全过程BIM平台技术、设计阶段模型精度、各类型部品部件参数化程度、构件标准化程度、设计直接对接工厂生产系统CAM技术以及基于BIM与物联网技术的装配式施工现场信息管理平台技术。

装配式建筑全过程BIM技术应用要注意以下关键技术内容：

（1）搭建模型时，应采用统一标准格式的各类型构件文件，且各类型构件文件应按照固定、规范的插入方式放置在模型的合理位置。

（2）预制构件出图排版阶段，应结合构件类型和尺寸，按照相关图集要求进行图纸排版，尺寸标注、辅助线段和文字说明应采用统一标准格式，并满足现行国家标准《建筑制图标准》(GB/T 50104)和《建筑结构制图标准》(GB/T 50105)的相关要求。

（3）预制构件生产时，应根据设计的模型，采用"BIM＋MES＋CAM"技术，实现工厂自动化钢筋生产、构件加工。应用二维码技术、射频识别(RFID)技术等可靠的识别与管理技术，结合工厂生产管理系统，实现可追溯的全过程质量管控。

（4）应用"BIM＋物联网＋GPS"技术，进行装配式预制构件运输过程追溯管理、施工现场可视化指导堆放、吊装等，实现装配式建筑可视化施工现场信息管理。

五、适用范围

装配式混凝土结构BIM技术的适用范围有：

（1）装配式剪力墙结构。预制混凝土剪力墙外墙板，预制混凝土剪力墙叠合板，预制钢筋混凝土阳台板、空调板及女儿墙等构件的深化设计、生产、运输与吊装。

（2）装配式框架结构。预制框架柱、预制框架梁、预制叠合板、预制外挂板等构件的深化设计、生产、运输与吊装。

（3）异形构件的深化设计、生产、运输与吊装。异形构件分为结构形式异形构件和非结构形式异形构件。结构形式异形构件包括有坡屋面、阳台等；非结构形式异形构件包括排水檐沟、建筑造型等。

第六章 装配式建筑的构件质量监控和施工验收

第一节 预制构件生产过程监控

建筑产业现代化的突出特征之一是建筑工业化,其转型升级离不开技术创新和管理创新,也离不开信息化与企业产品及业务的深度融合。每一项新兴信息技术与工业企业的深度融合,都将为我国工业现代化、智能化、服务化和信息化发展带来新的机遇和挑战。装配式构件型号多、数量大,再加上按楼、按层生产的施工要求,对生产计划、模具计划、库存规划、材料计划、生产安排、质量管理、物流配货、供需沟通等各环节提出了非常高的管理要求。

一、预制构件生产流程重构

为解决预制构件全产业链信息化管理问题,北京市燕通建筑构件有限公司研制了一套基于 RFID、BIM 和互联网等技术的预制构件生产管理系统(简称 PCIS),针对企业的经营、管理、产品开发和生产等各个环节,以提高生产效率、产品质量、企业的创新能力(包括产品设计方法和设计工具的创新、管理模式的创新、制造技术的创新及企业间协作关系的创新)和降低消耗为目的,达到产品设计制造和企业管理的信息化、生产过程控制的智能化、制造装备的数控化及咨询服务的网络化,最终实现预制构件生产流程的重构。

二、预制构件身份数字化

预制构件身份证简称 PCID。为每个预制构件建立一个 PCID,可以追踪每个构件生产、库存、成本、安装等全过程的详细数据,为生产构件信息化提供了强有力的支持。预制混凝土构件身份证技术是 PCIS 的关键核心技术。

与传统制造业类似,预制构件可以在工厂的生产线上制造,传统制造业已经广泛使用的条形码和二维码在国外的预制构件企业已得到了推广应用。区别于传统制造业的以机器零件组装为主,预制构件生产与施工单位构件安装相配合,条形码和二维码标签只能粘贴或悬挂在构件表面,在潮湿或者肮脏的环境下极易破损,导致信息读取困难且容易丢失。因此,在信息技术高速发展的今天,条形码和二维码技术已经不是预制构件信息管理系统的理想选择。

PCIS 利用 RFID 技术制作预制构件的永久身份证,为全产业链企业服务。RFID 在全产业链企业的应用示意如图 6-1 所示。

三、预制构件信息交换

目前,市场上的信息化管理系统大多数是针对设计单位和施工单位研发的,而对于装配式预制构件生产企业而言,尚没有合适的信息化管理系统。PCIS 针对 Revit 平台、

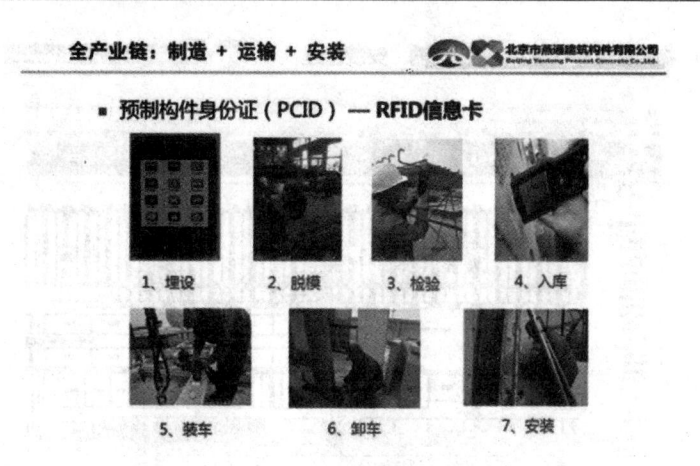

图 6-1 RFID 在全产业链企业的应用示意图

Auto CAD系统研发了设计数据交换接口，通过与 BIM 及 CAD 之间签订接口协议，可以有效实现不同软件、端口间的数据转换，从而大大提高工作效率并降低出错率。PCIS 系统主要通过 BOM 表与 BIM 及 CAD 进行构件信息、物料信息的数据交换，达到不同系统、软件间的信息共享与交互的目的。全产业链企业信息交换示意如图 6-2 所示。

图 6-2 全产业链企业信息交换示意图

四、预制构件库存数字化

为每个库位绑定一个 RFID 卡，作为库位的数字化身份证。编码采用分区分段立体空间编码原则，即按照构件的不同类型划分库区，按照楼号、楼层划分库位，通过扫描 PCID 实现精准入库。其中，平板类构件采用"平板存储架"进行立体储存，减少编码数量，便于整体管控。构件生产企业网格化储存管理如图 6-3 所示，构件立体储存如图 6-4 所示。

五、BIM 与第三方软件接口设计

传统装配式结构的方案设计、初步设计、施工图设计、深化设计等阶段均以二维图纸为

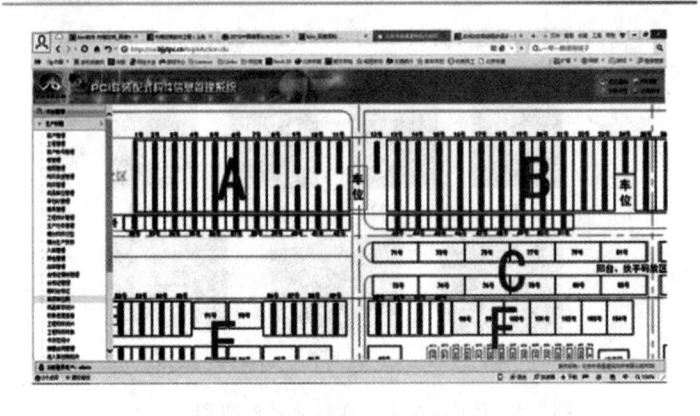

图 6-3 构件生产企业网格化储存管理

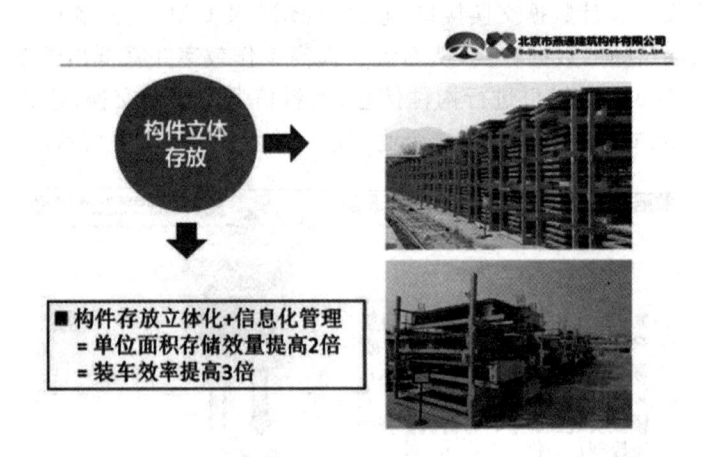

图 6-4 构件立体储存

传递方式,处理图纸需要消耗设计人员大量精力,且该过程中容易出现信息不明等问题,造成设计失误。同时,各专业的不协调也会导致后期的设计返工增多,耗费较多的资源。采用 BIM 技术建设专用预制构件库,实现预制构件及拼装的可视化、组成部件的参数化、钢筋算量的自动化及关键节点的碰撞检查,并建立 PCIS 接口协议。

六、待产池模型

预制构件生产调度是每个企业必不可少的岗位,是关键岗位之一,这个岗位对管理人员的分析判断能力、敬业精神要求较高。按照传统管理手段,预制构件生产过程中模台利用率较低,经常出现重复生产或者生产遗漏等现象,当项目规模大或者构件复杂时,严重影响企业生产的顺畅运行。PCIS 提出的"待产池模型"可有效解决这一难题。"待产池"就是根据厂内库存情况、储存场地情况、施工安装进度、质量等因素按工程、楼栋、层进行科学排产,通过信息化手段记录已经生产、未生产以及即将生产的每一个构件,并对应每一个模具,合理安排劳务作业层的工作计划。尤其是当质检员发现某构件存在质量问题时可及时调整生产计划,减少对其他构件生产的影响,避免浪费,保证工期,提升生产效率。

七、物料编码体系

为了便于财务分析,PCIS 按照主材与辅材分开的原则制定了科学合理的物料编码体系,使物料信息管理有序,编码明确,有效地保证各项工序的进行。

八、技术质量管理

PCIS 针对预制构件行业特点研发了试验管理模块、质量追踪管理模块、设备管理模块、灌浆饱满度实时监测模块,做到原材料质量信息、生产过程隐检信息、预制构件缺陷检查信息、预制构件性能检验信息、钢筋套筒灌浆饱满度信息的实时记录、即时检索及追踪管理。构件生产隐检记录如图 6-5 所示,套筒灌浆饱满度监测如图 6-6 所示。

图 6-5 构件生产隐检记录

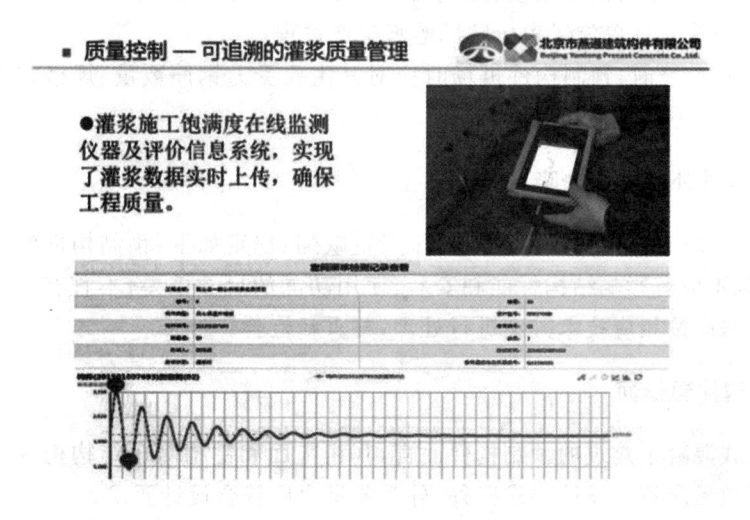

图 6-6 套筒灌浆饱满度监测

九、智能自动化流水线设计

自动化流水线是目前实现建筑工业化的关键手段,而让流水线实现智能化通信的关键技术在于如何控制流水节拍。项目组经过反复试验、精心设计,最终开发出智能化流水线在线监控系统。智能化流水线在线监控系统通过扫描模台 RFID 卡信息,传输到 PCIS 后反馈构件信息,最后通过中央控制系统对整个流水生产线进行操控,统筹协调流水节拍,对应模台合理安排生产的每一道工序。

在预制构件生产过程中,监控系统会记录每一个构件的信息,包括流水节拍、构件尺寸、预留洞口及预埋件、消耗工时数等,并且按照不同项目、日期、构件种类进行分类记录并统计,便于管理人员后期针对性的分析改进。

第二节 预制构件进场质量监控

一、预制构件进场检验内容

(1)梁板类简支受弯预制构件进场时应进行结构性能检验,并应符合下列规定:
① 结构性能检验应符合现行有关标准的有关规定及设计的要求,检验要求和试验方法应符合规范规定。
② 钢筋混凝土构件和允许出现裂缝的预应力混凝土构件应进行承载力、挠度和裂缝宽度检验,不允许出现裂缝的预应力混凝土构件应进行承载力、挠度和抗裂检验。
③ 对大型构件及有可靠应用经验的构件,可只进行裂缝宽度、抗裂和挠度检验。
④ 对使用数量较少的构件,当能提供可靠依据时,可不进行结构性能检验。
(2)对其他预制构件,除设计有专门要求外,进场时可不做结构性能检验。
(3)对进场时不做结构性能检验的预制构件,应采取下列措施:
① 施工单位或监理单位代表应驻厂监督生产过程。
② 当无驻厂监督时,预制构件进场时应对其主要受力钢筋数量、规格、间距、保护层厚度及混凝土强度等进行实体检验。

二、预制构件外观质量缺陷

在外观质量缺陷的进场检验方面,对于严重缺陷,规定如下:预制构件的外观质量不应有严重缺陷,且不应有影响结构性能和安装、使用功能的尺寸偏差,不宜有一般缺陷。对已出现的一般缺陷应按相应技术方案进行处理,并重新检验。

三、预制构件粗糙面

对于装配式混凝土建筑的预制构件而言,其粗糙面和键槽对于结构构件的性能至关重要。键槽除了数量应符合设计要求以外,外观质量也应符合设计要求。

预制构件接合面可采用粗糙面和键槽两种形式。粗糙面的面积不宜小于接合面的 80%,预制板的粗糙面凹凸深度不应小于 4 mm,预制梁端、预制柱端、预制墙端的粗糙面凹凸深度不应小于 6 mm。在构件制作环节规定:采用后浇混凝土或砂浆、灌浆料连接的预制构件接合面,制作时应按设计要求进行粗糙面处理。设计无具体要求时,可采用化学处理、拉毛或凿毛等方法制作粗糙面。在粗糙面成型阶段,对于粗糙面的成型工艺规定:① 可采用模板面预涂缓凝剂工艺,脱模后采用高压水冲洗露出骨料。② 叠合面粗糙面可在混凝土初凝前进行拉毛处理。

四、预制构件尺寸及偏差检验

对规格尺寸、对角线差、表面平整度、侧向弯曲、翘曲、预留孔、预留洞、预留插筋、键槽、预埋线管(电盒)、预埋木砖(吊环)、预埋钢板、预埋螺栓、预埋套筒等检查项目作出规定并明确相应的检验方法。

预制构件尺寸偏差极限值要求见《装配式混凝土结构技术规程》(JGJ 1)、《混凝土结构工程施工质量验收规范》(GB 50204)、《装配式混凝土建筑技术标准》(GB/T 51231)。

第三节 构件安装质量控制

一、预制楼梯安装

预制装配式钢筋混凝土楼梯是指将楼梯构件在加工厂或者施工现场预制,在现场进行装配或者焊接形成,一般由梯段、平台梁、平台板三个部分组成。预制楼梯关键安装质量控制要求如下:

(1) 预制楼梯进场验收后,堆放位置距离塔吊中心距离不得大于 17 m,预制楼梯堆叠采用垫木且垫木应在同一垂直线上。预制楼梯堆放不得超过 3 层,且堆放高度不得大于 2 m。

(2) 预制构件主体结构连接点的螺旋、紧固标准件及螺母、垫圈等配件,其品种、规格、性能等应满足现行国家标准和设计要求。

(3) 进入现场的预制构件应检查其质量证明文件和表面标识,以及构件上的预埋件、插筋和预留孔洞的规格、位置和数量、结合面等。表面标识应标明生产单位、构件型号、生产日期和质量验收标志。

(4) 吊装前,应在构件和相应的支撑结构上设置中心线和标高,按设计要求校核预埋件及连接钢筋等的数量、位置、尺寸和标高,并做出标志。每层楼面轴线垂直控制点不宜少于 4 个,楼层上的控制线应由底层原始点向上传递引测。每个楼层应设置不少于 1 个高程引测控制点。预制楼梯安装位置线应由控制线引出,每件预制楼梯应设置纵、横控制线。

(5) 安装过程中应注意预制楼梯的成品保护,避免缺棱掉角。

(6) 吊装就位后及时复核左右上下水平高程,并及时调整;校正后和灌浆前应注意灌浆口的保护,避免杂物进入。

(7) 吊装用钢丝绳、吊装带、卸扣、吊钩等吊具应经检查合格,并在其额定范围内使用;正式吊装作业前,应先将预制构件提升 300 mm 左右后停稳,检查钢丝绳、吊具和预制构件状态,确认吊具安全且构件平稳后,方可缓慢提升构件。

(8) 吊装施工中,吊索与预制构件水平夹角应合理,并保证吊车主钩位置、吊具及预制构件重心在竖直方向重合。

(9) 预制楼梯固定铰端采用高强度灌浆料,搅拌时先将拌合水加入搅拌容器内,边搅拌边加入约 80% 高强灌浆料,搅拌均匀后,再加入剩余 20% 高强灌浆料继续搅拌至均匀,总搅拌时间不少于 4 min。搅拌好的浆料应静置 2 min 排气,灌浆料宜在 30 min 内用完。搅拌完成后的浆料严禁再加水使用。

(10) 预制楼梯固定铰端施工前应检验流度,以流度仪标准流程执行。流度试验环上端内径为 70 mm,下端内径为 100 mm,高为 60 mm,在搅拌混合后测定。流度须不小于 30 cm,确定流度符合要求才能灌浆。灌浆工程应避免在雨天进行,以防雨水冲刷。

(11) 预制楼梯滑动铰端与楼板连接处缝隙采用聚苯填充,高强螺栓紧固。

(12) 预制楼梯吊装完成后应注意成品保护,避免在日常施工过程中出现缺棱掉角等现象。

二、垂直运输设备安装

为节约土地资源、实现有限资源价值最大化,现代装配式建筑多以高层建筑为主,构件以及材料运输量呈现持续增长的状态。为保证装配施工效率,在高层建筑施工时,需要配置大型垂直运输设备,如塔吊等,以完成相应运输任务。在选择设备时,监理人员需要按照吊装设计要求,对设备选择准确性与科学性进行判定,及时更换不合规设备,为后续施工做好铺垫。同时,考虑到安全性,设备使用需要与主体结构进行拉结,监理人员需要对设备稳定性进行重点检查。

为达到最佳垂直运输效果,监理人员需要做好事前以及事中两项检查。在进行事前检查时,应重点对工程承包商施工方案与设计进行检查,明确方案中防护措施与施工措施的可行性,且要对大型设备检测备案以及安全技术交底展开审核;实施事中控制过程中,应增加垂直运输设备巡检频率,做好保养维修记录,并要做好扶墙拉结节点审查,保证节点安装与拆除过程的高质量监控,消除各项安全隐患。

三、预留孔和预埋件安装

为满足相应使用功能需求,在进行装配式结构施工时,需要在每块预制构件中设置十几个及以上的预留孔与预埋件,两者设置质量会对后续预制构件使用产生直接影响,一旦预埋件或预留孔出现安装位置偏差或者被水泥浆封堵等方面的问题时,现场安装施工也会出现严重问题,很有可能出现灌浆不畅或 PCF 板开裂等方面的状况,不利于后续施工。为妥善解决这些问题,监理人员需要做好构件生产及其进出场控制。在进行构件生产时,监理机构要派遣专业人员到生产厂家展开生产过程监理,确保构件生产、预留孔施工以及预埋件设置能达到相应标准要求,且要做好构件相关防护工作。而在构件出厂时,监理人员还需要对出厂所有构件进行检查,并及时对问题构件进行处理,从源头做好材料质量监控工作,为后续构件使用提供有力支持。

四、设置外立面施工关注点

由于现阶段,普遍存在预制装配率较低的问题,所以为保证装配效率,实现理想化施工监理模式,监理人员应做好外立面施工关注点设置,重点加强对悬挑脚手架槽钢搁置设置以及外架拉结点的控制。监理人员一方面要对外架拉结点设计以及施工方案合理性进行检查,另一方面应对专项施工方案实施深度审查,确定方案是否存在针对性编制措施,并对措施实施可行性进行检测。

五、设置监理控制节点

若 PC 构件存在问题,需要进行调整,监理人员应及时与设计单位、施工单位进行沟通,且要做好 PC 构件驻场监理。驻场监理人员在对 PC 构件质量进行监理过程中,一方面需要对 PC 构件使用的构配件以及建材质量实施控制,做好构件生产建材、配件质量的事前、事中以及事后控制,另一方面需要对构件预制加工过程质量实施管控,按照相应验收规程,展开构件预制、加工全过程管理。在实施该环节控制时,首先应对构件施工方案进行审核,明确构件生产单位试验部门能力水平与资格;其次做好原材料以及半成品报验审查,确保所用材料质量符合要求;再次应对材质合格证以及外观质量展开检查,且要对需要二次检验的构件进行再次检验审核;最后应对复试报告实施审核,并做好施工过程检查。

由于连接施工是整体装配式结构施工关键,所以应进一步加大对该环节施工的监管力度。监理人员要明确认识到连接施工的重要作用,加强对连接点施工质量与可靠度的检查力度,并按照建筑物防水要求,对建筑外墙水平缝和垂直缝的施工质量进行严格检查,保证建筑防水施工质量。

在具体连接施工监理过程中,监理人员一方面应做好灌浆料以及套管接头质量管控,应在对材料性能、规格以及品种等进行严格检查的基础上,对其连接施工质量以及临时支撑固定效果展开核查,并运用专用工具对钢筋绑扎过程中的插筋位置进行确定,保证连接钢筋位置以及其他相关施工都能严格按照设计要求进行,监理人员能够对施工全过程展开科学监控;另一方面,要做好防水以及接口密封管控,监理人员需要对构件接口封堵施工展开全程监控,保证密封材料干燥和清洁,防止出现漏堵、虚堵问题,保证防水控制能够达到国家标准。监理人员需要对外墙接缝所用材料性能与品种等展开管控,确保其性能参数与使用年限能够达到相应标准。监理人员应在密封材料使用前,对其检测报告以及质量合格证明展开检查,并做好隐蔽验收工作,要在施工前,监督施工人员做好构件接缝位置清理工作。

第四节 装配施工验收

一、混凝土结构装配施工验收

(1)装配式混凝土建筑施工应按现行国家标准《建筑工程施工质量验收统一标准》(GB 50300)的有关规定进行单位工程、分部工程、分项工程和检验批的划分和质量验收。

(2)装配式混凝土建筑的装饰装修、机电安装等分部工程应按国家现行有关标准进行质量验收。

(3)装配式混凝土结构工程应按混凝土结构子分部工程进行验收,装配式混凝土结构部分应按混凝土结构子分部工程的分项工程验收,混凝土结构子分部中其他分项工程应符合现行国家标准《混凝土结构工程施工质量验收规范》(GB 50204)的有关规定。

(4)装配式混凝土结构工程施工用的原材料、部品、构配件均应按检验批进行进场验收。

(5) 装配式混凝土结构连接节点及叠合构件浇筑混凝土前,应进行隐蔽工程验收。隐蔽工程验收应包括下列主要内容:

① 混凝土粗糙面的质量,键槽的尺寸、数量、位置;
② 钢筋的牌号、规格、数量、位置、间距,箍筋弯钩的弯折角度及平直段长度;
③ 钢筋的连接方式、接头位置、接头数量、接头面积百分率、搭接长度、锚固方式及锚固长度;
④ 预埋件、预留管线的规格、数量、位置;
⑤ 预制混凝土构件接缝处防水、防火等构造做法;
⑥ 保温及其节点施工;
⑦ 其他隐蔽项目。

(6) 混凝土结构子分部工程验收时,除根据现行国家标准《混凝土结构工程施工质量验收规范》(GB 50204)的有关规定提供文件和记录外,还应提供下列文件和记录:

① 工程设计文件、预制构件安装施工图和加工制作详图;
② 预制构件、主要材料及配件的质量证明文件、进场验收记录、抽样复验报告;
③ 预制构件安装施工记录;
④ 钢筋套筒灌浆型式检验报告、工艺检验报告和施工检验记录,浆锚搭接连接的施工检验记录;
⑤ 后浇混凝土部位的隐蔽工程检查验收文件;
⑥ 后浇混凝土、灌浆料、座浆材料强度检测报告;
⑦ 外墙防水施工质量检验记录;
⑧ 装配式结构分项工程质量验收文件;
⑨ 装配式工程的重大质量问题的处理方案和验收记录;
⑩ 装配式工程的其他文件和记录。

二、钢结构装配施工验收

(1) 装配式钢结构建筑的验收应符合现行国家标准《建筑工程施工质量验收统一标准》(GB 50300)及相关标准的规定。当国家现行标准对工程中的验收项目未作具体规定时,应由建设单位组织设计、施工、监理等相关单位制定验收要求。

(2) 同一厂家生产的同批材料、部品,用于同期施工且属于同一工程项目的多个单位工程,可合并进行进场验收。

(3) 部品部件应符合国家现行有关标准的规定,并具备产品标准、出厂检验合格证、质量保证书和使用说明文件书。

(4) 钢结构、组合结构的施工质量要求和验收标准应按现行国家标准《钢结构工程施工质量验收规范》(GB 50205)、《钢管混凝土工程施工质量验收规范》(GB 50628)和《混凝土结构工程施工质量验收规范》(GB 50204)的有关规定执行。

(5) 钢结构主体工程的焊接工程验收应符合现行国家标准《钢结构工程施工质量验收规范》(GB 50205)的有关规定,在焊前检验、焊中检验和焊后检验基础上按设计文件和现行国家标准《钢结构焊接规范》(GB 50661)的规定执行。

(6) 钢结构主体工程的紧固件连接工程应按现行国家标准《钢结构工程施工质量验收

规范》(GB 50205)规定的质量验收方法和质量验收项目执行,同时应符合现行行业标准《钢结构高强度螺栓连接技术规程》(JGJ 82)的规定。

(7) 钢结构防腐蚀涂装工程应按现行标准《钢结构工程施工质量验收规范》(GB 50205)、《建筑防腐蚀工程施工规范》(GB 50212)、《建筑防腐蚀工程施工质量验收规范》(GB 50224)和《建筑钢结构防腐蚀技术规程》(JGJ/T 251)的规定进行验收;金属热喷涂防腐和热镀锌防腐工程应按现行国家标准《热喷涂 金属和其他无机覆盖层 锌、铝及其合金》(GB/T 9793)和《热喷涂 金属零部件表面的预处理》(GB/T 11373)等有关规定进行质量验收。

(8) 钢结构防火涂料的黏结强度、抗压强度应符合现行国家标准《钢结构工程施工质量验收规范》(GB 50205)的规定,试验方法应符合现行国家标准《建筑构件耐火试验方法》(GB/T 9978)的规定;防火板及其他防火包覆材料的厚度应符合现行国家标准《建筑设计防火规范》(GB 50016)关于耐火极限的设计要求。

(9) 装配式钢结构建筑的楼板及屋面板应按下列标准进行验收:

① 压型钢板组合楼板和钢筋桁架楼承板组合楼板应按现行国家标准《钢结构工程施工质量验收规范》(GB 50205)和《混凝土结构工程施工质量验收规范》(GB 50204)的有关规定进行验收。

② 预制带肋底板混凝土叠合楼板应按现行行业标准《预制带肋底板混凝土叠合楼板技术规程》(JGJ/T 258)的规定进行验收。

③ 预制预应力空心板叠合楼板应按现行国家标准《预应力混凝土空心板》(GB/T 14040)和《混凝土结构工程施工质量验收规范》(GB 50204)的规定进行验收。

④ 混凝土叠合楼板应按现行标准《混凝土结构工程施工质量验收规范》(GB 50204)和《装配式混凝土结构技术规程》(JGJ 1)的规定进行验收。

(10) 钢楼梯应按现行国家标准《钢结构工程施工质量验收规范》(GB 50205)的规定进行验收,预制混凝土楼梯应按国家现行标准《混凝土结构工程施工质量验收规范》(GB 50204)和《装配式混凝土结构技术规程》(JGJ 1)的规定进行验收。

(11) 安装工程可按楼层或施工段等划分为一个或若干个检验批。地下钢结构可按不同地下层划分检验批。钢结构安装检验批应在进场验收和焊接连接、紧固件连接、制作等分项工程验收合格的基础上进行验收。

三、木结构装配施工验收

(1) 装配式木结构工程施工质量验收应符合现行国家标准《建筑工程施工质量验收统一标准》(GB 50300)、《木结构工程施工质量验收规范》(GB 50206)及相关标准的规定。当现行标准对工程中的验收项目未作具体规定时,应由建设单位组织设计、施工、监理等相关单位制定验收具体要求。

(2) 装配式木结构子分部工程应由木结构制作安装与木结构防护两分项工程组成,并应在分项工程全部验收合格后,再进行子分部工程的验收。

(3) 装配式木结构子分部工程质量验收的程序和组合,应符合现行国家标准《建筑工程施工质量验收统一标准》(GB 50300)的有关规定。

(4) 工厂预制木组件制作前应按设计要求检查验收采用的材料,出厂前应按设计要求检查验收木组件。

（5）装配式木结构工程中,木结构的外观质量除设计文件另有规定外,应符合下列规定：

① A级,结构构件外露,构件表面洞孔应采用木材修补,木材表面应用砂纸打磨；

② B级,结构构件外露,外表可采用机具刨光,表面可有轻度漏刨、细小的缺陷和空隙,不应有松软节的空洞；

③ C级,结构构件不外露,构件表面可不进行加工刨光。

（6）装配式木结构子分部工程质量验收应符合下列规定：

① 检验批主控项目检验结果应全部合格；

② 检验批一般项目检验结果应有大于80%的检查点合格,且最大偏差不应超过允许偏差的1.2倍；

③ 子分部工程所含分项工程的质量验收均应合格；

④ 子分部工程所含分项工程的质量资料和验收记录应完整；

⑤ 安全功能检测项目的资料应完整,抽检的项目均应合格；

（7）用于加工装配式木结构组件的原材料,应具备产品合格证书。每批次应做下列检验：

① 每批次进厂目测分等规格材应由专业分等人员做目测等级检验或抗弯强度见证检验,每批次进厂机械分等规格材应做抗弯强度见证检验；

② 每批次进厂规格材应做含水率检验；

③ 每批次进厂的木基结构板应做静曲强度和静曲弹性模量检验,用于屋面、楼面的木基结构板应有干态湿态集中荷载、均布荷载及冲击荷载检验报告；

④ 采购的结构复合木材和工字形木搁栅应有产品质量合格证书、符合设计文件规定的平弯或侧立抗弯性能检测报告并应做荷载效应标准组合作用下的结构性能检验；

⑤ 设计文件规定钉的抗弯屈服强度时,应做钉抗弯强度检验。

（8）装配式木结构材料、构配件的质量控制以及制作安装质量控制应划分为不同的检验批。检验批的划分应符合现行国家标准《木结构工程施工质量验收规范》(GB 50206)的规定。

（9）装配式木结构钢连接板、螺栓、销钉等连接用材料的验收应符合现行国家标准《木结构工程施工质量验收规范》(GB 50206)的规定。

（10）装配式木结构验收时,除应根据现行国家标准《木结构工程施工质量验收规范》(GB 50206)的要求提供文件和记录外,还应提供以下文件和记录：

① 工程设计文件、预制组件制作和安装的深化设计文件；

② 预制组件、主要材料、配件及其他相关材料的质量证明文件、进场验收记录、抽样复验报告；

③ 预制组件的安装记录；

④ 装配式木结构分项工程质量验收文件；

⑤ 装配式木结构工程的质量问题的处理方案和验收记录；

⑥ 装配式木结构工程的其他文件和记录。

（11）装配式木结构建筑内装系统施工质量要求和验收标准应符合现行国家标准《建筑

装饰装修工程质量验收标准》(GB 50210)的规定。

（12）建筑给水排水及采暖工程的施工质量要求和验收标准应符合现行国家标准《建筑给水排水及采暖工程施工质量验收规范》(GB 50242)的规定。

（13）通风与空调工程的施工质量要求和验收标准应符合现行国家标准《通风与空调工程施工质量验收规范》(GB 50243)的规定。

（14）建筑电气工程的施工质量要求和验收标准应符合现行国家标准《建筑电气工程施工质量验收规范》(GB 50303)的规定。

（15）智能化系统的施工质量要求和验收标准应符合现行国家标准《智能建筑工程质量验收规范》(GB 50339)的规定。

第七章　装配式建筑现场安全管理

第一节　预制构件运输、存放安全管理

一、混凝土构件

(1) 预制构件存放应符合下列规定：
① 存放场地应平整、坚实，并有排水措施。
② 存放库区宜实行分区管理和信息化台账管理。
③ 应按照产品品种、规格型号、检验状态分类存放，产品标识应明确、耐久，预埋吊件应朝上，标识应向外。
④ 应合理设置垫块支点位置，确保预制构件存放平稳，支点宜与起吊点位置一致。
⑤ 与清水混凝土面接触的垫块应采取防污染措施。
⑥ 预制构件多层叠放时，每层构件间的垫块应上下对齐；预制楼板、叠合板、阳台板和空调板等构件宜平放，叠放层数不宜超过6层；长期存放时，应采取措施控制预应力构件起拱值和叠合板翘曲变形。
⑦ 预制柱、梁等细长构件宜平放且用两条垫木支撑。
⑧ 预制内外墙板、挂板宜采用专用支架直立存放，支架应有足够的强度和刚度，薄弱构件、构件薄弱部位和门窗洞口应采取防止变形开裂的临时加固措施。

(2) 预制构件成品保护应符合下列规定：
① 预制构件成品外露保温板应采取防止开裂的措施，外露钢筋应采取防弯折的措施，外露预埋件和连接件等外露金属件应按不同环境类别采取不同的防护或防腐、防锈措施。
② 吊装前预埋螺栓孔应保持清洁。
③ 钢筋连接套筒、预埋孔洞应采取防止堵塞的临时封堵措施。
④ 露骨料粗糙面冲洗完成后应对灌浆套筒的灌浆孔和出浆孔进行透光检查，并清理灌浆套筒内的杂物。
⑤ 冬季生产和存放的预制构件的非贯穿孔洞应采取措施防止雨雪水进入而发生冻胀损坏。

(3) 预制构件在运输过程中应做好安全和成品防护，并应符合下列规定：
① 应根据预制构件种类采取可靠的固定措施。
② 对于超高、超宽、形状特殊的大型预制构件的运输和存放应制订专门的质量安全保证措施。
③ 运输时宜采取如下防护措施：
a. 设置柔性垫片避免预制构件边角部位或链索接触处的混凝土损伤。

b. 用塑料薄膜包裹垫块以避免预制构件外观污染。

c. 墙板门窗框、装饰表面和棱角采用塑料贴膜或其他防护措施。

d. 竖向薄壁构件应设置临时防护支架。

e. 构件装箱运输时,箱内四周采用木材或柔性垫片填实,并支撑牢固。

④ 应根据构件特点采用不同的运输方式,托架、靠放架、插放架应进行专门设计,并进行强度、稳定性和刚度验算。

a. 外墙板宜采用立式运输方式,外饰面层应朝外,梁、板、楼梯、阳台宜采用水平运输方式。

b. 采用靠放架立式运输方式时,构件与地面倾斜角度宜大于80°,构件应对称靠放,每侧不大于2层,构件层间上部采用木垫块隔离。

c. 采用插放架直立运输方式时,应采取防止构件倾倒的措施,构件之间应设置隔离垫块。

d. 水平运输时,预制梁、柱构件叠放不宜超过3层,板类构件叠放不宜超过6层。

二、钢构件

(1) 选用的运输车辆应满足部品部件的尺寸、重量等要求,装卸与运输时应符合下列规定:

① 装卸时应采取保证车体平衡的措施。

② 应采取防止构件移动、倾倒、变形等的固定措施。

③ 运输时应采取防止部品部件损坏的措施,对构件边角部或链索接触处应设置保护衬垫。

(2) 部品部件堆放应符合下列规定:

① 堆放场地应平整、坚实,并按部品部件的保管技术要求采用相应的防雨、防潮、防暴晒、防污染和排水等措施。

② 构件支垫应坚实,垫块在构件下的位置宜与脱模、吊装时的起吊位置一致。

③ 重叠堆放构件时,每层构件间的垫块应上下对齐,堆垛层数应根据构件、垫块的承载力确定,并应根据需要采取防止堆垛倾覆的措施。

(3) 墙板运输与堆放应符合下列规定:

① 当采用靠放架堆放或运输墙板时,靠放架应具有足够的承载力和刚度,与地面倾斜角度宜大于80°;墙板宜对称放置且外饰面朝外,墙板上部宜采用木垫块隔开;运输时应将墙板固定牢固。

② 当采用插放架直立堆放或运输墙板时,宜采取直立方式运输;插放架应有足够的承载力和刚度,并应支垫稳固。

③ 采用叠层平放的方式堆放或运输墙板时,应采取防止墙板损坏的措施。

三、木构件

(1) 对预制木构件的运输和存放应制订实施方案,实施方案包括运输时间、次序、堆放场地、运输路线、固定要求、堆放支垫及成品保护措施等项目。

(2) 对大型构件的运输和存放应采取专门的质量安全保证措施。在运输与堆放构件时,其支撑位置应根据计算确定。

(3) 预制木构件装卸和运输应符合下列规定:

① 装卸时,应采取保证车体平衡的措施;

② 运输时,应采取防止构件移动、倾倒、变形等的固定措施。

(4) 预制木构件存储设施和包装运输应采取使其达到要求含水率的措施,并应有保护层包装,边角部位应设置保护衬垫。

(5) 预制木构件水平运输时,应将构件整齐地堆放在车厢内。梁、柱等预制木构件可分层分隔堆放,上、下分隔层垫块应竖向对齐,悬臂长度不宜大于构件长度的 1/4。板材和规格材应纵向平行堆垛、顶部压重存放。

(6) 预制木桁架整体水平运输时,宜竖向放置,支承点应设在桁架两端节点支座处,下弦杆的其他位置不得有支撑物;在上弦中央节点处的两侧应设置斜撑,并与车厢牢固连接;应按桁架的跨度大小设置若干对斜撑。数榀桁架并排竖向放置运输时,应在上弦节点处用绳索将各桁架系牢。

(7) 预制木结构墙体宜采用直立插放架运输和存放,插放架应有足够的承载力和刚度,并应支垫稳固。

(8) 预制木构件的存放应符合下列规定:

① 构件应存放在通风良好的仓库或防雨、通风良好的有顶部遮盖场所内,堆放场地应平整、坚实,并具备良好的排水设施。

② 施工现场堆放的构件,宜按安装顺序分类堆放,堆垛宜布置在吊车工作范围内且不受其他工序施工作业影响的区域。

③ 采用叠层平放的方式堆放时,应采取防止构件变形的措施。

④ 吊件应朝上,标志宜朝向堆垛间的通道。

⑤ 支垫应坚实,垫块在构件下的位置宜与起吊位置一致。

⑥ 重叠堆放构件时,每层构件间的垫块应上下对齐,堆垛层数应按构件、垫块的承载力确定,并应采取防止堆垛倾覆的措施。

⑦ 采用靠架堆放时,靠架应具有足够的承载力和刚度,与地面倾斜角度宜大于 80°。

⑧ 堆放曲线形构件时,应按构件形状采取相应保护措施。

(9) 对现场不能及时进行安装的建筑模块,应采取保护措施。

第二节 预制构件吊运、安装安全管理

一、混凝土构件

(1) 预制构件吊运应符合下列规定:

① 应根据预制构件的形状、尺寸、重量和作业半径等要求选择吊具和起重设备,所采用的吊具和起重设备及其操作,应符合国家现行有关标准及产品应用技术手册的规定。

② 吊点数量、位置应经计算确定,应保证吊具连接可靠,应采取保证起重设备的主钩位置、吊具及构件重心在竖直方向上重合的措施。

③ 吊索水平夹角不宜小于 60°,不应小于 45°。

④ 应采用慢起、稳升、缓放的操作方式，吊运过程应保持构件平稳，不得偏斜、摇摆和扭转，严禁吊装构件长时间悬停在空中。

⑤ 吊装大型构件、薄壁构件或形状复杂的构件时，应使用分配梁或分配桁架类吊具，并应采取避免构件变形和损伤的临时加固措施。

(2) 吊点设置。

在浇筑混凝土前，需要合理布置起吊点，并预埋规定荷载的吊钉或吊环，之后进行起吊工作。

对于起吊点的位置，首先需要找到异形预制构件重心，根据重心位置及起吊高度，确定吊钩合力作用点方向，从而合理设置吊钉或吊环预埋位置，并建立相关数据，标记在预制构件外形尺寸深化图中。对于异形规格较简单的 PC 构件，直接应用 AutoCAD 三维建模功能，建立预制构件三维实体模型，采用 UCS 坐标，找到重心位置，然后确定吊点，预埋吊钩。

(3) 吊装系统设置。

对于平窗、凸窗外墙预制构件，采用"一"型吊梁起吊，吊链采用两爪吊链，吊链与吊梁的水平夹角不宜小于 60°，确保预制构件在起吊过程中能够垂直起吊，保证吊装过程的稳定性和安全性。

对于阳台预制构件，采用"口"型吊架起吊，吊链采用四爪吊链，吊链与吊架的夹角同样不宜小于 60°，确定阳台预制构件能够垂直起吊，保证吊装过程的稳定性和安全性。楼梯预制构件为斜型结构，为确保楼梯预制构件在起吊过程中能够垂直起吊，使楼梯在吊装时呈现就位时的角度，一般采用四爪吊链起吊，4 条吊链为两长两短，吊链与楼梯踏步面的夹角不应小于 60°。

吊链的型号须根据预制构件的质量及相应吊装构配件的参数进行设计计算。

二、钢构件

(1) 装配式钢结构建筑施工单位应建立完善的安全、质量、环境和职业健康管理体系。

(2) 施工前，施工单位应编制下列技术文件，并按规定进行审批和论证：

① 施工组织设计及配套的专项施工方案。

② 安全专项方案。

③ 环境保护专项方案。

(3) 施工单位应根据装配式钢结构建筑的特点，选择合适的施工方法，制订合理的施工顺序，并应尽量减少现场支模和脚手架用量，提高施工效率。

(4) 施工用的设备、机具、工具和计量器具，应满足施工要求，并应在合格检定有效期内。

(5) 装配式钢结构建筑宜采用信息化技术，对安全、质量、技术、施工进度等进行全过程的信息化协同管理。宜采用 BIM 技术对结构构件、建筑部品和设备管线等进行虚拟建造。

(6) 装配式钢结构建筑应遵守国家环境保护的法规和标准，采取有效措施减少各种粉尘、废弃物、噪声等对周围环境造成的污染和危害，并应采取可靠有效的防火等安全措施。

(7) 施工单位应对装配式钢结构建筑的现场施工人员进行相应专业的培训。

(8) 施工单位应对进场的部品部件进行检查，合格后方可使用。

(9) 钢结构施工应符合现行国家标准《钢结构工程施工规范》(GB 50755) 和《钢结构工

程施工质量验收规范》(GB 50205)的规定。

（10）钢结构施工前应进行施工阶段设计，选用的设计指标应符合设计文件和现行国家标准《钢结构设计规范》(GB 50017)等的规定。施工阶段结构分析的荷载效应组合和荷载分项系数取值，应符合现行国家标准《建筑结构荷载规范》(GB 50009)和《钢结构工程施工规范》(GB 50755)的规定。

（11）钢结构应根据结构特点选择合理顺序进行安装，并应形成稳固的空间单元，必要时应增加临时支撑或临时措施。

（12）高层钢结构安装时应考虑竖向压缩变形对结构的影响，并应根据结构特点和影响程度采取预调安装标高、设置后连接构件的措施。

（13）钢结构施工期间，应对结构变形、环境变化等进行过程监测，监测方法、内容及部位应根据设计或结构特点确定。

（14）钢结构现场焊接工艺和质量应符合现行国家标准《钢结构焊接规范》(GB 50661)和《钢结构工程施工质量验收规范》(GB 50205)的规定。

（15）钢结构紧固件连接工艺和质量应符合现行标准《钢结构工程施工规范》(GB 50755)、《钢结构工程施工质量验收规范》(GB 50205)和《钢结构高强度螺栓连接技术规程》(JGJ 82)的规定。

（16）钢结构现场涂装应符合下列规定：

① 构件在运输、存放和安装过程中损坏的涂层以及安装连接部位的涂层应进行现场补漆，并应符合原涂装工艺要求。

② 构件表面的涂装系统应相互兼容。

③ 防火涂料应符合国家现行有关标准的规定。

④ 现场防腐和防火涂装应符合现行国家标准《钢结构工程施工规范》(GB 50755)和《钢结构工程施工质量验收规范》(GB 50205)的规定。

三、木构件

（1）装配式木结构建筑施工前应编制施工组织设计，制订专项施工方案；施工组织设计的内容应符合现行国家标准《建筑施工组织设计规范》(GB/T 50502)的规定；专项施工方案的内容应包括安装及连接方案、安装的质量管理及安全措施等项目。

（2）施工现场应具有质量管理体系和工程质量检测制度，以实现施工过程的全过程质量控制，并应符合现行国家标准《工程建设施工企业质量管理规范》(GB/T 50430)的规定。

（3）装配式木结构建筑安装应符合现行国家标准《木结构工程施工规范》(GB/T 50772)的规定。

（4）装配式木结构建筑安装应按结构形式、工期要求、工程量以及机械设备等现场条件，合理设计装配顺序，组织均衡有效的安装施工流水作业。

（5）吊装用吊具应按国家现行有关标准的规定进行设计、验算或试验检验。

（6）组件安装可按现场情况和吊装条件采用下列安装单元：

① 采用工厂预制组件作为安装单元。

② 现场对工厂预制组件进行组装后作为安装单元。

③ 同时采用前面两种单元的混合安装单元。

(7) 预制组件吊装时应符合下列规定：

① 经现场组装后的安装单元的吊装，吊点应按安装单元的结构特征确定，并应经试吊证明符合刚度及安装要求后方可开始吊装。

② 刚度较差的组件应按提升时的受力情况采用附加构件进行加固。

③ 组件吊装就位时，应使其拼装部位对准预设部位垂直落下，并应校正组件安装位置并紧固连接。

④ 正交胶合木墙板吊装时，宜采用专用吊绳和固定装置，移动时宜采用锁扣扣紧。

(8) 现场安装时，未经设计允许不应对预制木结构组件采取切割、开洞等影响其完整性的行为。

(9) 现场安装过程中，应采取防止预制组件、建筑附件及吊件等受潮、破损、遗失或污染的措施。

(10) 当预制木结构组件之间的连接件采用暗藏方式时，连接件部位应预留安装孔。安装完成后，安装孔应予以封堵。

(11) 装配式木结构建筑安装全过程中，应采取安全措施，并应符合现行行业标准《建筑施工高处作业安全技术规范》(JGJ 80)、《建筑施工起重吊装工程安全技术规范》(JGJ 276)、《建筑机械使用安全技术规程》(JGJ 33)和《施工现场临时用电安全技术规范》(JGJ 46)等的规定。

(12) 组件吊装就位后，应及时校准并应采取临时固定措施。

(13) 组件吊装就位过程中，应监测组件的吊装状态，当吊装出现偏差时，应立即停止吊装并调整偏差。

(14) 组件为平面结构时，吊装时应采取保证其平面外稳定的措施，安装就位后，应设置防止发生失稳或倾覆的临时支撑。

(15) 组件安装采用临时支撑时，应符合下列规定：

① 水平构件支撑不宜少于2道。

② 预制柱或墙体组件的支撑点距底部的距离不宜大于柱或墙体高度的2/3，且不应小于柱或墙体高度的1/2。

③ 临时支撑应设置可对组件的位置和垂直度进行调节的装置。

(16) 竖向组件安装应符合下列规定：

① 底层组件安装前，应复核基层的标高，并应设置防潮垫或采取其他防潮措施。

② 其他层组件安装前，应复核已安装组件的轴线位置、标高。

(17) 水平组件安装应符合下列规定：

① 应复核组件连接件的位置，与金属、砖、石、混凝土等的结合部位应采取防潮防腐措施。

② 杆式组件吊装宜采用两点吊装，长度较大的组件可采取多点吊装；细长组件应复核吊装过程中的变形及平面外稳定。

③ 板类组件、模块化组件应采用多点吊装，组件上应设有明显的吊点标志。吊装过程应平稳，安装时应设置必要的临时支撑。

(18) 预制墙体、柱组件的安装应先调整组件标高、平面位置，再调整组件垂直度。组件的标高、平面位置、垂直偏差应符合设计要求。调整组件垂直度的缆风绳或支撑夹板应在组件起吊前绑扎牢固。

(19) 安装柱与柱之间的梁时,应监测柱的垂直度。除监测梁两端柱的垂直度变化外,还应监测相邻各柱因梁连接影响而产生的垂直度变化。

(20) 预制木结构螺栓连接应符合下列规定:

① 木结构的各组件结合处应密合,未贴紧的局部间隙不得超过 5 mm,接缝处理应符合设计要求。

② 用木夹板连接的接头钻孔时应将各部分定位并临时固定一次钻通;当采用钢夹板不能一次钻通时应采取保证各部件对应孔的位置、大小一致的措施。

③ 除设计文件规定外,螺栓垫板的厚度不应小于螺栓直径的 0.3 倍,方形垫板边长或圆垫板直径不应小于螺栓直径的 3.5 倍,拧紧螺帽后螺杆外露长度不应小于螺栓直径的 0.8 倍。

第三节　临时设施及高处作业防护

一、临边作业

(1) 在建筑工程施工现场作业时,需要在围护设施低于 80 cm 或没有围护设施的工作面沿边高处施工,属于临边作业。临边作业主要包括:

① 基坑周边作业,在没有围护的阳台和料台以及挑平台等位置的作业;

② 无防护楼层、楼面周边作业;

③ 无防护的楼梯口和梯段口作业;

④ 在井架和施工电梯通道的侧面或在脚手架通道作业;

⑤ 在垂直运料或卸料平台的周边作业。

(2) 高处作业中临边作业的安全防护。

在临边高处作业时必须要设置相关的防护措施,确保施工安全。在基坑的周边、无外脚手架的高度超过 3.2 m 的楼层周边、没有安装栏板或栏杆的阳台以及雨篷和挑檐边等位置作业时,必须要在临边作业区域的外围架设一道安全平网。对于分层施工的梯段边和楼梯口,要安装临时的护栏。在建筑物通道和脚手架、施工用电梯的两侧边,必须要设置防护栏杆。在垂直运料平台的两侧设置栏杆,在平台口的位置设置活动的防护栏杆和安全门。

二、洞口作业

(1) 洞口作业主要包括孔和洞口旁边的高处作业,还包括通道旁和施工现场深度大于 2 m 或 2 m 以上的管道孔洞、沟槽、钻孔等作业。高处作业时,洞口施工由于缺少防护措施,极易发生施工人员高处坠落或高空物体打击的危险。

(2) 洞口作业的安全防护。

高处洞口作业容易发生人和物的坠落危险,因此必须按照规定采取防护措施。在电梯井口,要设置固定的栅门和防护栏杆,每隔两层在电梯井内设置安全网。在地板门和天窗、人孔等位置要设置安全标志,夜间用红灯进行警示。

三、攀登作业

（1）攀登作业主要包括依靠登高设施或采用梯子等进行的高处作业，如张挂安全网、搭建脚手架、施工电梯等。攀登作业时，由于缺乏安全、稳定、宽阔的作业平台，施工人员只能借助一只手保持攀登姿势，攀登作业危险性较大、难度较高，稍有不慎可能发生高处坠落事故。

（2）攀登作业的安全防护。

在建筑施工高处作业中，应该尽量减少攀登作业。特殊情况下必须要进行攀登作业时，必须要确保安全绳的牢靠，同时要设置安全防护网。选择身体健康的施工人员进行攀登作业，严禁患有高血压等疾病的施工人员在攀登作业中施工。施工人员必须佩戴安全帽，正确穿戴个人防护用品。施工过程中，施工人员要随时检查安全防护措施是否到位，确保攀登作业安全。

四、悬空作业

（1）悬空作业是指高处作业时周边处于临空状态下的作业，主要包括利用吊篮进行建筑外墙装修、构件吊装、建筑特殊部位支拆模板等。悬空作业时，施工人员没有牢靠的立足点，长时间处于悬空作业状态，在不稳定的条件下施工，容易导致安全事故的发生。

（2）悬空作业的安全防护。

① 悬空作业时模板支撑和拆卸模板时的安全防护。

在支模过程中，要依据设计要求和规定的作业规范进行施工，模板未固定前不得进入下步施工工序。在同一垂直面上，禁止安装和拆卸模板，严禁在支撑和连接件上攀登。对于结构较为复杂的模板，要严格按照施工方案和组织设计进行安装和拆卸。柱模板高度超过 3 m 时，要在其四周设置斜撑，并设置相应的操作平台。对于悬挑式模板设置，要确保有固定的立足位置。支设临空构筑物的模板时，要做好脚手架和支架搭设工作。模板上有预留孔洞的，安装完成后要将孔洞覆盖。

② 悬空绑扎钢筋的安全防护。

在安装钢骨架和绑扎钢筋时，必须要搭设马道或脚手架。绑扎边柱和外墙、挑梁和圈梁时，要搭设平台并张挂安全防护网。绑扎悬空大梁钢筋时，要在操作平台上操作。绑扎墙体或立柱的钢筋时，严禁站立在攀登骨架或钢筋架上作业。高度在 3 m 以内的柱钢筋，要在楼面或地面上绑扎；高度超过 3 m 以上时，要搭设施工操作平台，必要时设置安全防护网。

③ 门窗悬空作业的安全防护。

在安装玻璃、门窗时，禁止站在阳台栏板上操作。在对门或窗临时固定而填充的材料尚未达到强度标准时，禁止沿窗攀登，严禁用手拉门。在高处外墙上安装门、窗而施工过程中没有设置脚手架时，必须张挂安全防护网。未设置安全防护网时，必须确保操作人员系好安全带且保险钩挂在可靠物件上。窗口作业时，施工人员不得站立在窗台上，必要时系好安全带。

五、交叉作业

（1）交叉作业是指在空间贯通状态下，上下不同层次可以同时进行的作业。交叉作业主要包括施工现场制作钢筋、吊运物料、搬运材料、装饰面层、搭设脚手架等。在高处作业的交叉作业中,稍有不慎,容易碰掉各种物料、工具等,容易发生打击伤亡事故。

(2)交叉作业的安全防护。

建筑高处施工经常存在立体交叉作业,主要是位于不同层次保持空间贯通状态下的高处作业。交叉作业中,在同一垂直面上,不能同时进行支模、砌墙及抹灰操作。在下层位置作业时,必须确保作业区域上部不发生坠落事故。如果不符合上述要求,必须在中间位置设置安全防护层。从建筑结构的二层开始,要在人员进出的通道口位置搭设安全防护棚。对于高层建筑高度超过24 m以上的高处交叉作业,为避免高空坠落造成的严重事故,应该设置双层防护设施。对于上方可能产生坠落物体的作业区域,处于起重机把杆回转区域内的通道,必须搭设顶部能够防止穿透的双层防护廊或防护棚。

六、建筑工程高处混凝土浇筑悬空作业

(1)在浇筑高度超过2 m的平台板、雨篷、过梁或框架时,要设置操作平台,禁止施工人员站立在支撑件、钢筋、模板上操作。

(2)在浇筑拱形结构时,要先从两边的拱脚开始浇筑,然后向拱顶方向施工。在浇筑筒仓等构筑物时,要先封闭构筑物的下口,搭设走道板和脚手架,防止人员和器具发生坠落。

(3)在建筑混凝土浇筑悬空施工时,若特殊情况下缺乏安全可靠的设施,必须确保施工人员系好安全带并扣好保险钩,在相应位置架设水平安全网,防止发生坠落事故。

第八章　BIM 技术在装配式建筑中的应用

第一节　BIM 技术概述

BIM 即建筑信息模型,是建筑行业中形成的完备的信息模型,能够将建筑工程项目施工过程中各个生命周期、不同阶段的工程信息、施工过程、资源等集合起来,集成在一个模型中,便于工程项目施工参与方使用。BIM 技术通过三维数字技术对建筑物设计、建造等过程中所具有的各种真实信息进行模拟,为工程的设计、施工等提供完全相同的信息模型,实现模型和设计施工一体化,也为各个专业之间的协同提供支持,降低了工程生产成本,确保工程项目按时保质完成。

BIM 技术在整个工程项目的生命周期内具有十分重要的作用。在项目设计时期,BIM 技术可以使得项目施工过程中的各个专业的工作相互联系起来,通过同一个标准的模型作为各个专业开展工作的依据和基础。在项目施工时期,BIM 技术的应用可以对施工的进度、施工的成本控制以及施工的质量管理提供帮助,对每一个施工环节、施工单位在施工过程中所产生的信息进行同步更新,使得模拟施工变成现实,有助于施工技术人员和设计人员及时了解施工过程中可能会遇到的实际情况,从而不断提高施工质量水平。另外,BIM 技术还能对施工过程中所需要的各种信息进行汇总,例如施工概预算、工程量清单、各个环节的材料准备情况等,这使得整个施工过程的模拟实现可视化。在建筑项目投入运营期间,利用 BIM 技术可以对相关的建筑性能、建筑物的使用状况、建筑物的使用时间、容量、入住人员等方面的信息进行汇总、同步更新。

建筑工业化是建筑行业发展过程中进行改革的具体产物,现代化建筑与传统的建筑施工模式完全不同,现代化建筑注重施工效率、施工质量,传统的施工模式效率较低,而且人员的劳动强度较大。建筑工业化所对应的施工形式是现场装配,其生产形式也逐渐实现工业化,这在很大程度上改变了建筑行业的发展方向,使得建筑行业的工作实效、工作重点都得以凸显出来,让建筑行业的环保、低碳、节能、智能等要求得以满足,同时还能对当前房地产行业发展过程中的困境有所突破,使得建筑物的质量不断提升。目前,建筑工业化在建筑构配件的生产、房屋设计、施工操作等方面还不完善,无法将完整的建筑体系信息模拟出来。另外,由于生产形式信息和建筑设计信息的统一化与标准化,导致传统的施工模式不能对生产技术形式与其他方面的因素进行协调,所以在一定程度上影响了用户的体验。BIM 技术在建筑工业化过程中发挥了十分重要的作用。

BIM 技术是以三维数字技术为基础,以建筑全生命周期为主线,将建筑产业链各个环节关联起来并集成项目相关信息。BIM 技术改变了建筑行业的生产方式和管理模式,它成功解决了建筑建造过程中多组织、多阶段、全生命周期中的信息共享问题,利用唯一的模型,使建筑项目信息在规划、设计、建造和运行维护全过程充分共享,无损传递,为建筑从概念设计到拆除的全生命周期中的所有决策提供可靠的依据。BIM 应用于工业化建筑全生命周期的信息化集成管理主要应用点如图 8-1 所示。

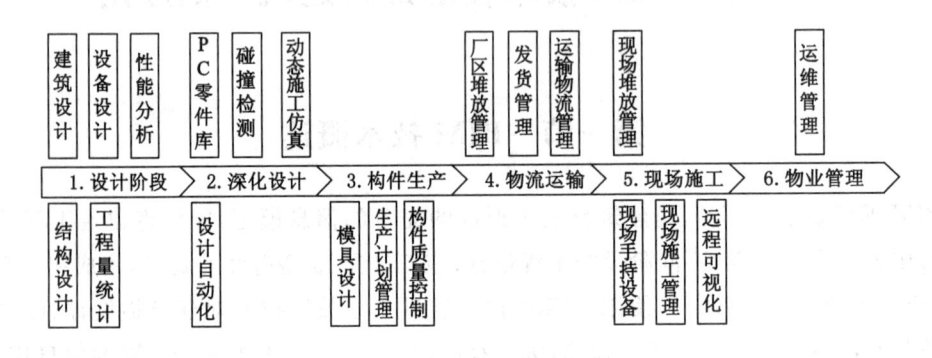

图 8-1 基于 BIM 的工业化建筑全寿命周期信息化集成管理的主要应用点

第二节 BIM 技术在建筑设计阶段的应用

BIM 技术在建筑设计阶段能有效进行信息交流和传递。BIM 的可视化便于对方案的理解和分析,通过预先对管线进行碰撞检查,优化排布方案,减少后期的错误和反复修改;视图的关联性可以实现在一个视图中修改则其他视图都随之修改,能够保证信息的统一性,避免反复校对图纸;BIM 的自动统计功能基于模型构件信息数据库的设定,在设计阶段可以调取构件的物理属性并进行统计,能够有效控制工程造价并进行工程管控;BIM 协同工程各参与方管理同一个信息模型,避免信息孤岛与传递失误;BIM 利用分析、模拟软件及插件优化设计,可进行综合能耗模拟分析、景观可视度分析、日照模拟、风环境模拟等,控制建筑节能效果、舒适度等指标,提高整体设计水平。BIM 技术在建筑设计阶段的应用主要分三部分。

(1) 方案开始阶段,由建筑专业确定建筑方案,从总图开始利用地勘所提供的资料(可以根据地勘提供相应格式的地形图纸或坐标资料等导入 Revit 中)生成场地地形表面,从而确定相应的总平面图,接着完善后续工作。再将提前做好对应本项目的族(注释族及所用门窗标准等)和相应风格的建筑线脚族载入项目文件中去,从而完成项目的样板,至此已完成整个项目 30%~40% 的工作量。设计的某三维住宅模型如图 8-2 所示。最后,根据人员配备情况和项目工期合理安排工作内容。

(2) 建筑方案确定后,再交给结构专业,按建筑确定的结构排布方案使用 BIM 软件建立模型(此处建立模型是指按目前主流 BIM 中的一款常用软件 Revit 完成各专业工作),再导入常用结构计算软件进行计算分析。综合来看,使用 Revit 能更好更快地建立结构模型,因为 Revit 可以划分好区域降板,同时较结构计算类软件分析建模速度要快得多。计算完成后可以将其降板区域进行类型降板,但目前我国大多数实际工程中很少考虑降板这一因素。使用软件进行计算分析之后可以通过相应的软件接口转入 Revit 中进行钢筋节点的

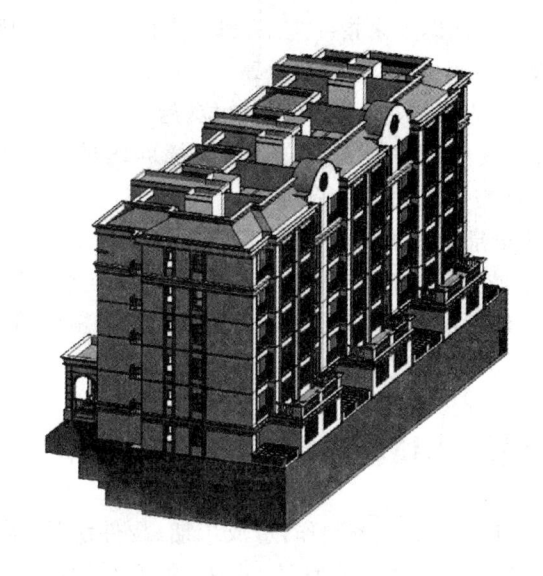

第八章 BIM技术在装配式建筑中的应用

图 8-2 某三维住宅模型

绘制以及相应各个不宜施工的位置模型的大样绘制。同时,加以二维图纸标注,实现二维和三维相结合,从而建立准确的结构模型,为后续工作打下坚实的基础。结构模型完成之后,可以进行建筑设计和出图,在此过程中可以更改结构的截面显示状态来生成不同比例下的结构构件显示图例。

(3) 在机电专业中,BIM技术的应用可以更好地解决各专业管线间和综合管线与建筑、结构间的碰撞问题。如图8-3所示,可以前后或者分别链接建筑或结构模型,进行MEP各专业的模型建立(同时相应生成二维图纸),其中机电各专业可根据体量大小建立各专业模型。这部分链接相应的各专业模型,使用定向到每一层的模型中进行碰撞检测,按照规定的避让原则进行调整,从而达到模型中的管线综合硬碰撞降到最低直至为零的效果。

图 8-3 EMP三维碰撞示意图

BIM技术在建筑设计阶段有其独特的价值。

(1) 可视化。利用BIM设计工具,根据模型结合相应的图纸,直观地从每个节点、每个阶段中发现问题,从而达到BIM可视化的效果。

(2) 可交付性。按照作为能指导施工使用的BIM标准设计施工图,在交付成果时将图纸和模型一并交付于施工单位。对于施工单位,一方面,可以在节点施工处理的时候,按照图纸标注和对照 BIM 节点大样提示来指导施工;另一方面,在汇报的时候,可以在模型的基础上加以效果处理,做现场漫游、施工进度展示等。

(3) 可协调性。在项目的实施过程中,设计单位、施工单位及业主之间需要互相配合,做好沟通和协调。而 BIM 技术通过对不同专业的碰撞问题进行协调,同时生成相应的数据,可以很好地解决各个参与方之间的协调问题。

(4) 可优化性。建筑信息化模型的全过程就是一个不断完善、不断优化的过程。重点是在开始阶段把握好建筑的方向,将项目的设计以投资回报作为一个参照点进行不断优化。

(5) 可出图性。在设计阶段,各专业之间可以实时监视最新建筑模型,相应地调节链接底图的显示方式,各专业间实现实时统一模型出图。

第三节　BIM 技术在构件制造中的应用

传统的构件制造由人工在施工现场制作,造成工期、构件统计、质量等多方面问题的困扰。使用 BIM 技术可预先统计构件的类型、数量、材质、尺寸、体积等信息,并编制编号,导出预制加工图给工厂进行预制加工,再进行现场装配。BIM 技术可极大降低构件的现场施工难度,提高构件的准确性和生产效率。构件在生产过程中采用计算机数控技术,利用计算机对构件的加工和制造进行自动化控制,采用快速成型技术、切割技术、"塑性"加工技术、机器人砌筑技术等对构件进行加工制造。

基于 BIM 技术的构件生产管理流程。预制混凝土建筑的 BIM 中心数据库用于存放具体工程建造生命周期的模型数据。在深化设计阶段将构件深化设计所有相关数据传输到 BIM 中心数据库中,并完成构件编码的设定;在预制构件生产阶段,生产信息管理子系统从 BIM 中心数据库读取构件深化设计的相关数据以及用于构件生产的基础信息,同时将每个预制构件的生产过程信息、质量检测信息返回记录在 BIM 中心数据库中;在现场施工阶段,基于 BIM 对施工方案进行仿真优化,通过读取 BIM 中心数据库的数据,可以了解预制构件的具体信息(重量、安装位置等),方便施工,同时在构件安装完成后,将构件的安装情况返回记录在 BIM 中心数据库中。考虑工程管理的需要,也为了方便构件信息的采集和跟踪管理,在每个预制构件中都安装了 RFID 芯片,芯片的编码与构件编码一致,同时将芯片的信息记录在 BIM 中,通过读写设备实现预制混凝土建筑在构件制造、现场施工阶段的数据采集和数据传输。基于 BIM 和 RFID 的 PC 构件生产管理总体流程见图 8-4。基于 BIM 和 RFID 的 PC 构件生产管理过程见图 8-5。

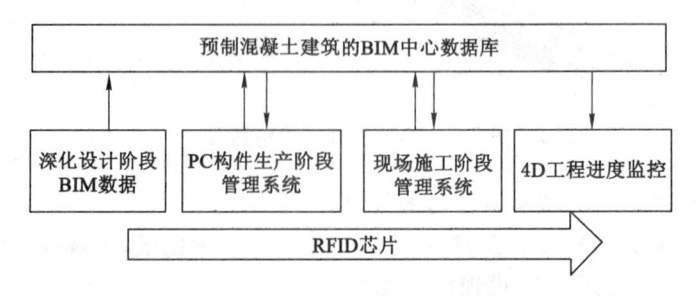

图 8-4　基于 BIM 和 RFID 的 PC 构件生产管理总体流程

(a) 模具检测 　　(b) 钢筋笼绑扎

(c) 入模及埋件检测 　　(d) 混凝土浇筑 　　(e) 构件成品检测

图 8-5　基于 BIM 和 RFID 的 PC 构件生产管理过程

第四节　BIM 技术在建筑施工阶段的应用

基于 BIM 技术的现场施工管理信息技术是指利用 BIM 技术,并借助移动互联网技术实现施工现场可视化、虚拟化的协同管理。在施工阶段结合施工工艺及现场管理需求对设计阶段施工图模型进行信息添加、更新和完善,以得到满足施工需求的施工模型。依托标准化项目管理流程,结合移动应用技术,通过基于施工模型的深化设计,以及场布、施组、进度、材料、设备、质量、安全、竣工验收等管理应用,实现施工现场信息高效传递和实时共享,提高施工管理水平。

(1) 装配式建筑设计施工图阶段的设计协同

在施工图设计阶段,传统方式是各专业相对独立设计,接近完成时再通过二维图纸叠加的方式进行整合、查找问题、调整,这种方式粗放、烦琐,且不能进行过程控制,效率较低且效果不理想。通过 BIM 协调管理的方式,各专业在统一的平台按照约定的协同标准进行设计,既不影响对方的设计操作,又可实时参考相互间的设计成果,把可能出现的问题提前在设计过程中解决。

(2) 施工图阶段模型深化

① 土建模型深化

施工图设计阶段应进行土建部分的详细建模,基于设计进度节点进行模型的拆解,并根据 BIM 导则要求的模型深度完善设计图纸中的构造做法等内容,以完整包含施工所需的构件信息,包括构件准确的尺寸、节点大样、配筋等,同时根据后续施工中的需要提前增加构件的其他信息,使土建部分模型进一步符合施工图设计阶段的标准。

② 机电模型深化

施工图设计阶段应进行机电专业构件的详细建模，基于设计进度节点进行模型的拆解，并根据 BIM 导则要求的模型深度完善设计图纸中的构造做法等内容，包括所有机电管线、导管的规格、材质、安装方式以及机电设备外观尺寸、型号、系统参数等均应确定，同时根据后续施工中的需要提前增加各构件的其他信息，使机电部分的模型进一步符合施工图设计阶段的标准。

(3) 碰撞检查、净高检查

完成施工图设计阶段的土建及机电 BIM 建模后，通过 BIM 软件快速对各专业模型进行相互的碰撞检查，通过碰撞检查来检测各构件间是否存在冲突，如建筑墙体、门窗等是否与主题结构冲突，机电管线、设备是否有足够的空间满足后续施工要求以及日后维护要求等。同时，通过 Navisworks 软件对个功能区域的空间净高进行分析，确定可满足空间要求的区域及不满足的区域，并针对不满足空间要求的区域进行分析和设计调整。

(4) 管线综合

传统管线综合的方式是简单地将所有土建专业和机电专业的图纸进行叠加，然后选取重点部分或管线较为复杂的部分，并针对该处绘制剖面图，或针对各类设备机房绘制机房大样及剖面图。该方式对后续施工有一定的指导意义，但绝大多数情况下还需要进行施工二次深化，毕竟局部的综合并不能考虑全局，且设备大小、阀门阀件的尺寸在传统的设计阶段都未经周全考虑，因此带来的问题可能是预留空间不足，后期无法按图施工等。

而 BIM 的管线综合是将模型文件中各个专业的所有管线、设备进行整合汇总，并根据不同专业管线的功能要求、施工安装要求、运营维护要求，结合建筑、结构设计和室内装修设计需求对管线与设备的布置进行统筹协调，以排布出最合理的管线方案。管线综合一般应遵从如下原则：① 大管让小管；② 有压管让无压管；③ 金属管避让非金属管；④ 冷水管避让热水管；⑤ 低压管避让高压管；⑥ 强弱桥架分开布置；⑦ 附件少的管道避让附件多的管道等。总之，在满足使用功能的前提下，以最节约成本的方式进行管道排布，充分考虑施工过程进度和项目成本。

(5) 支吊架深化

经过管线综合后的模型已经基本满足施工要求，而作为机电施工中的基础工序——支吊架的预制和安装，自然在 BIM 应用中不可或缺，根据模型对支吊架进行深化，尽可能采用统一类别的综合支吊架，以提高工厂预制支吊架的效率，同时便于现场实施。

(6) 管线预埋

施工图设计阶段充分考虑预制构件与预埋管线、预留孔洞的关系，提前对管线、洞口进行准确定位，使预制构件能在工厂预制过程中完成管线预留预埋，减少现场预埋工作，同时避免现场墙体、楼板的二次打砸、开挖。此外，还应对预制构件与现浇部分的空间位置关系进行设计定位，综合考虑预制构件在生产和施工安装阶段的几何和非几何的关系。

(7) 施工图出图

施工图设计阶段的模型全部完成后，所有施工图纸应通过模型自动生产后导出，传统二维施工图纸的输出一般受限于各种条件而容易出现错、漏、缺等问题，而通过 BIM 导出的图纸是完全基于模型的反映，准确的模型意味着准确定图纸。施工图纸输出前应根据 BIM 导则要求在 BIM 软件中对输出图纸的线性、颜色、样式、注释等进行统一管理，确保统一平台所输出的图纸在完整表达设计意图的前提下达到标准化和规范化。输出的图纸除包含传统的平面图、立面图、剖面图和节点大样图外,还应包括机电管线、设备在平面与剖面的准确定位图,以及管线预留预埋准确定位图、支吊架准确安装定位图、预制构件的准确尺寸加工图以及复杂节点的三维透视图。

(8) 通过 BIM 进行工程量统计

施工图设计阶段的模型信息量已经非常完备,可用于指导现场施工,其所包含的项目工程信息等同于传统可用于结算的施工图纸,能够反映实物工程量,且可以直接输出模型中的模型量,按照一定的定额标准便可实现造价方向的延伸应用。BIM 不仅包含整体的工程量,而且可以根据专业、区域、构件类别等单独提取工程量,既便捷又准确。相对于传统的手算图纸工程量或单独创建算量模型进行算量,直接通过施工图设计阶段完成模型输出的工程量更加准确,也更接近现场施工的工程量。

(9) 施工阶段 BIM 展示

通过施工图设计阶段完成的模型,已经非常接近现场竣工的实物,可直接作为项目的展示模型,包括项目外观的展示及项目内部的空间展示,同时也可以用于后续施工阶段作为施工参照或作为项目的对外宣传模型。

BIM 在施工阶段能够制订合理的施工流程,优化布局,节省材料、能源与时间、空间,精细化控制材料、库存及成本管控,实现科学控制施工进度。BIM 能及时精确统计不同类别的构件及其属性,查阅相关的施工及采购信息;BIM 的虚拟施工可以模拟施工过程及使用的设备,检查工期计划是否合理,将其中复杂的构件在工厂提前预制,减少工地工作量及人员数量,减少、物流和仓储环节的资源浪费,有效降低施工难度及减少场地占用面积。BIM 数据库以构件为单位,能够准确提供各专业项目进程的数据信息,提高管理效率。具体表现在以下几个方面:

(1) 基于 BIM 技术的现场施工仿真筹划

利用模型进行 4D 施工仿真模拟,BIM 软件可以实现与 Microsoft Project 的无缝数据传递。在模型中导入 MS Project 编制完成的项目施工计划甘特图,将 3D 模型与施工计划相关联,将施工计划时间写入相应构件的属性中,这样就在 3D 模型基础上加入了时间因素,使其变成一个可模拟现场施工及吊装管理的 4D 模型。

(2) 构件吊装动态仿真模拟技术

根据施工方案和模型,采用 Dassalt Delmia 等软件对项目进行动态的施工仿真模拟,在 Delmia 中赋予预制构件装配时间和装配路径,并建立流程、人和设备资源之间的关联,从而实现 PC 建筑的虚拟建造和施工进度的可视化模拟。在模型中针对不同 PC 预制率以及不同吊装方案进行模拟比较,实现未建先造,得到最优 PC 预制率设计方案及施工方案。

(3) 构件现场吊装管理及远程可视化监控

施工方案确定后,将储存构件吊装位置及施工时序等信息的模型导入手持设备中,基于三维模型检验施工计划,实现施工吊装的无纸化和可视化辅助。构件吊装前必须进行检验确认,手持设备更新当日施工计划后对工地堆场的构件进行扫描,在正确识别构件信息后进行吊装,并记录构件施工时间。构件安装就位后,检查员负责校核吊装构件的位置及其他施工细节,检查合格后,通过现场手持设备扫描构件芯片,确认该构件施工完成,同时记录构件完工时间。所有构件的组装过程、实际安装的位置和施工时间都记录在系统中,以便检查。

这种方式减少了错误的发生,提高了施工管理的效率。当日施工完毕后,手持设备将记录的构件施工信息上传到系统中,可通过网络远程访问,了解和查询工程进度,系统将施工进度通过三维的方式进行动态显示。

第五节　BIM 技术在建筑运营阶段的应用

BIM 可以实现建筑运维管理的可视化,通过定位构件位置,查询构件的状态与检修信息,维修人员可以准确地进行调试、预防和故障检修。BIM 对设备运营也很重要,可确定机电、暖通、强弱电等设施的具体位置,并能传递相关信息,为突发事件的应急管理决策提供依据。按照构件的属性和特征对其进行分类与编码,有助于检索和组织信息,监测构件的状态,及时替换到期的构件。利用 RFID 技术,为构件贴上存储构件各方面信息的 RFID 标签,通过标签管理者可以随时读取构件的位置、运行情况等信息。

第九章 装配式建筑案例分析

第一节 装配式剪力墙结构案例分析

一、工程概况

本工程为一栋建筑面积约 9 000 m²、地上 25 层、地下 2 层的板式住宅楼,层高均为 2.9 m,采用装配整体式剪力墙结构体系,内外墙除电梯间外均采用预制方式,楼板采用叠合楼板。建筑平面采用建设单位提供的市场成熟户型,由设计单位根据产业化建造要求进行必要的调整和修改,在符合经济性原则的条件下,尽量提高装配化率。工程抗震设防类别为标准设防类,抗震设防烈度为 7 度,属 3 类场地,设计地震分组为第一组,特征周期为 0.45 s。地下 2 层抗震等级为 3 级,地下 1 层至顶层抗震等级为 2 级。地下部分及地面以上底部加强区采用现浇钢筋混凝土剪力墙结构层,5 层及以上采用装配式剪力墙结构。标准层结构平面见图 9-1。

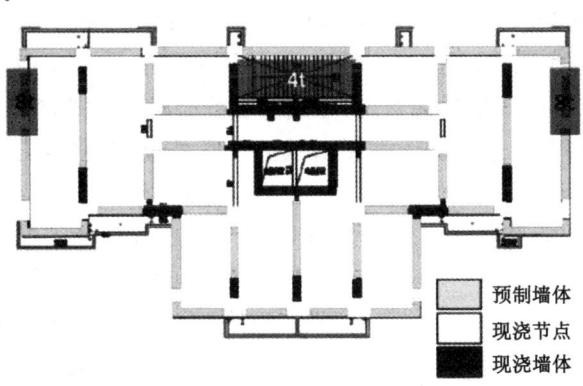

图 9-1 标准层结构平面

二、装配式剪力墙结构设计

外墙采用"预制墙板+现浇节点"的设计方案,有利于充分发挥预制构件的优势,有利于施工现场取消外模板和脚手架的安装,提高施工效率。内墙采用"现浇剪力墙+预制墙板+现浇节点"的设计方案,充分利用楼梯和电梯等在施工现场易于采用标准化现浇施工的部位,布置一定数量的现浇墙体。在保证结构整体性的前提下,可提高预制率及预制构件的标准化率。

1. 预制外墙板设计

预制外墙板采用预制混凝土夹芯保温外墙,构造为结构层(200 mm)+保温层(80 mm)+饰面层(60 mm),饰面层采用预构件外墙模。在符合安全性、适用性和经济性的基本原则下,以模数化、标准化、系列化标准作为确定预制混凝土构件划分、定型的依据,剪力墙外墙板构件长度以 2 m 为基本模数划分基本构件系统。预制内、外墙采用整体式连接(如图 9-2 所示):① 预制墙板周边通过竖向现浇段将同一楼层的预制墙板以及现浇剪力墙连接成为整体;② 预制墙板底面通过压力灌浆或座浆形成的填充层,顶面通过水平现浇带和圈梁,将相邻楼层的预制墙板连接成为整体的连接形式;③ 预制墙板构件通过水平现浇带和圈梁与整体式楼屋盖结构连接成为整体。

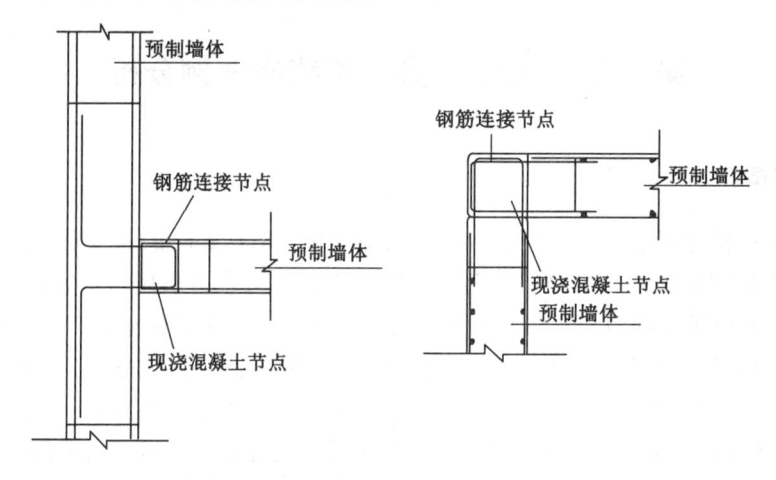

图 9-2 标准层内、外墙节点连接大样

剪力墙边缘构件采用现浇,外墙转角、内墙转角、纵横墙交接部位、相邻预制剪力墙之间应设置现浇段,现浇段的宽度应同墙厚,现浇段的长度应满足水平钢筋连接的要求。本工程外墙板主要有一字形、L 形和 T 形墙板,典型预制墙板配筋大样图如图 9-3 所示。

根据装配式剪力墙整体连接设计要求,结合本工程特点,现将本工程预制墙板设计方法归纳如下:

(1) 洞口两侧墙肢和 L 形转角墙按构造边缘构件进行设计和构造,典型边缘构件如图 9-4 所示,距预制墙板底边 400~800 mm 范围内是纵向钢筋连接部位,也是预制墙板发生塑性屈服的重要部位,采取加强约束措施,在套筒外侧配有纵向和水平钢筋,其中水平钢筋的数量不少于三道。本工程预制墙板竖向钢筋连接方式采用了直螺纹套筒浆锚连接技术,直螺纹连接套筒的混凝土保护层厚度宜适当加大至 30 mm。

(2) 相邻预制墙片之间如无边缘构件,设置一字形现浇段,现浇段的宽度同墙厚,根据预制墙板的模数要求,现浇段的长度为 500 mm 和 600 mm;预制墙板的水平钢筋直接锚入现浇边缘构件中,通过等强连接的方式形成剪力墙段,其结构性能与剪力墙基本相同。因此,预制墙板的水平分布筋按等厚现浇墙体的计算结果配置;为实现预制墙板生产的标准化和现场边缘构件的可操作性,水平分布筋采用开口箍筋,水平段锚入边缘构件 210 mm。为体现抗震设计要求,水平分布箍筋在 5~16 楼采用 C10,在 17 楼及以上采用 C8。预制外挂墙板(PCF)悬挑一定长度,作为结构后浇的外模板使用,各部位现浇段通过 PCF 实现围合外模。PCF 通过不锈钢拉结件与现浇混凝土有效拉结,板与相邻外墙板临时固定,临时固定荷载按 10 年一遇风荷载计算。板间留 20 mm 宽缝,保温层后塞 60 mm 宽保温材料。后塞保温材料在满足保温连续的同时,可避免后浇混凝土漏浆。

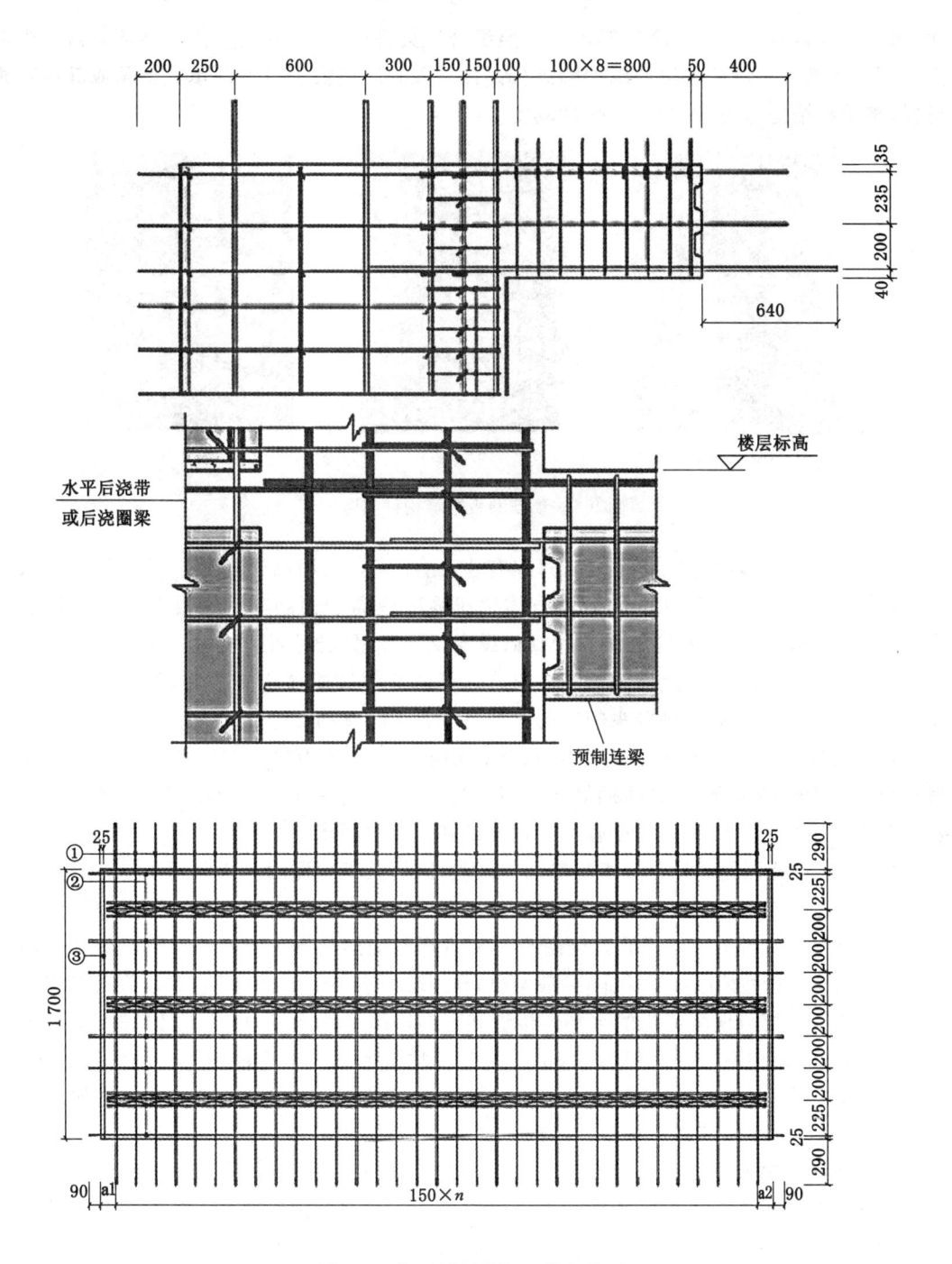

图 9-3 典型预制墙板配筋大样图

（3）装配式剪力墙结构每层楼面处应设置封闭的现浇钢筋混凝土现浇带，现浇带截面宽度不应小于剪力墙的厚度，截面高度不小于楼板厚度及 120 mm 的较大值。现浇带预制叠合楼盖或屋盖浇筑成整体。本工程标准层处设置高度为 180 mm 现浇带，顶层处设置高 270 mm 圈梁。现浇带与洞口上部预制连梁构成叠合连梁，预制连梁的箍筋应伸出其上表面,水平现浇带的纵筋应穿在箍筋内。按照组合连梁进行设计和构造,连梁端部应做成粗糙面。洞口下部的预制墙板按照围护墙进行设计。预制墙板窗洞口下部填充聚苯或其他轻质材料,按围护结构考虑,仅考虑其弹性刚度。

(a) 一字形　　　　(b) L形　　　　(c) T形

图 9-4　预制墙板边缘构件实际图

(4) 预制剪力墙底与现浇圈梁之间应有座浆,座浆宜采用高强灌浆料或者干硬性水泥砂浆,座浆厚度不宜大于 20 mm,其立方体抗压强度应高于预制剪力墙混凝土立方体抗压强度 10 MPa 或以上,且不应低于 60 MPa;纵向钢筋采用机械连接,机械连接接头的等级为Ⅰ级,机械接头的形式是:上端为钢筋与连接套筒的直螺纹机械连接接头,下端为采用水泥基灌浆填充。采用机械连接接头的钢筋直径范围是 14~20 mm。

钢筋连接套筒应满足现行标准《钢筋连接用灌浆套筒》(JG/T 398)的规定。水泥基灌浆材料的性能除满足现行标准《钢筋连接用套筒灌浆料》(JG/T 408)的规定外,还应通过必要的试验和检测等手段来证明符合本工程设计和施工的要求。

(5) 预制墙板四周应设置人工粗糙面。试验证明,人工粗糙面是一种简单易行且连接效果良好的构造。对于人工粗糙面的要求有:在构件加工时,应除去表面的水泥浆和砂,粗糙面露出的混凝土粗骨料不小于其最大粒径的 1/3,且粗糙面凹凸不小于 6 mm,人工粗糙面的粗糙程度可根据连接性能的要求确定;一般情况,预制墙板水平连接面的粗糙程度宜大一些。

(6) 预制墙板与现浇结构的水平连接缝和竖向连接缝的承载力验算可以按相关要求进行,承载力抗震调整系数的取值为 0.85,上述计算均未考虑人工粗糙面等有利作用的影响;一般情况下,预制墙板的水平配筋可以满足竖向连接缝的承载力要求,不需要增加水平钢筋,竖缝的设计主要体现在连接构造措施的选择上;对于水平连接缝,可以通过调整预制墙板的纵向连接钢筋数量和构造以满足承载力要求;在本工程的设计中,预制墙板竖向连接钢筋数量是按照不小于 1.1 倍的承载力要求确定的。不开洞的预制墙板设计与现浇墙体大体相当,采用双排套筒连接时,竖向连接的钢筋面积不小于墙板竖向分布钢筋面积的 1.1 倍;位于建筑角部、较长墙肢端部的预制墙板,其水平连接钢筋和竖向钢筋的强度应适当加大。

2. 预制叠合板设计

楼板采用厚 120 mm 的叠合板,预制楼板采用钢筋桁架板,其预制板厚度和现浇叠合层厚度为 50 mm+70 mm,局部在靠近电梯间区域采用厚 130 mm 的现浇楼板。预制板模数采用 3 m,叠合板的配筋计算、裂缝、挠度验算方法与现浇混凝土板相同。单向板板端、双向板均伸入墙内侧 15 mm,单向板板侧由于不受力,板不伸入墙体内,钢筋伸出板端 100 mm,

配筋大样图如图9-5所示。叠合板之间采用分离式拼缝,板与板拼缝采用湿连接,以避免楼板在荷载长期作用下产生裂缝。卫生间采用同层排水,局部降板大样图如图9-6所示。

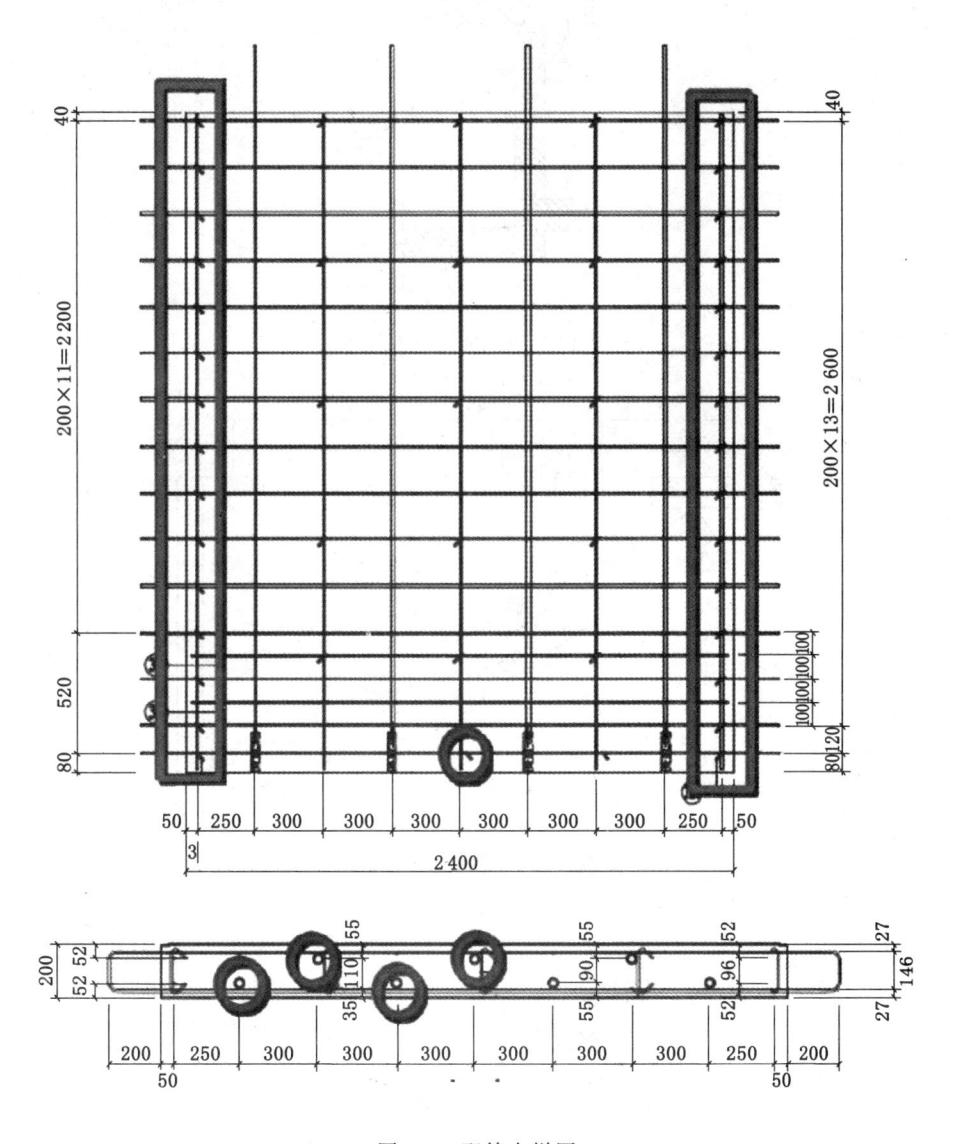

图9-5 配筋大样图

3. 预制楼梯设计

本项目楼梯间四周的墙体、平台板、楼梯梁采用现浇方式,楼梯板采用预制方式。预制楼梯按简支构件计算下部配筋;同时考虑施工吊装、运输过程,上部钢筋连续配置且最小配筋率为0.15%。预制梯板计算需要考虑预制隔板重量,梯板连接计算采用允许应力法,分别考虑水平地震作用与竖向地震作用进行计算,最终螺栓选用4M20。预制楼梯大样图如图9-7所示。预制楼梯板连接大样图如图9-8所示。

预制楼梯板与楼层结构采用干法连接的形式。本工程预制楼梯两端的连接方式是:一端固定铰、一端滑动铰,其中滑动端的搭置长度不宜小于层间变形最大值的2倍。本工程预

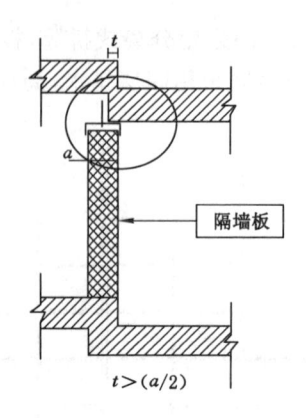

图 9-6 卫生间降板大样图

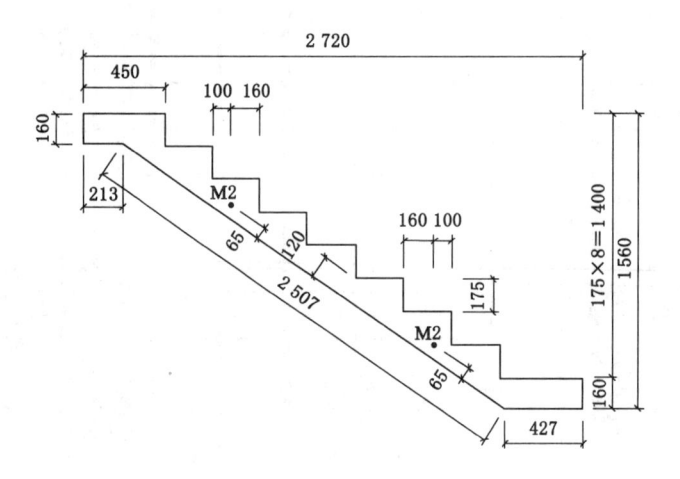

图 9-7 预制楼梯大样图

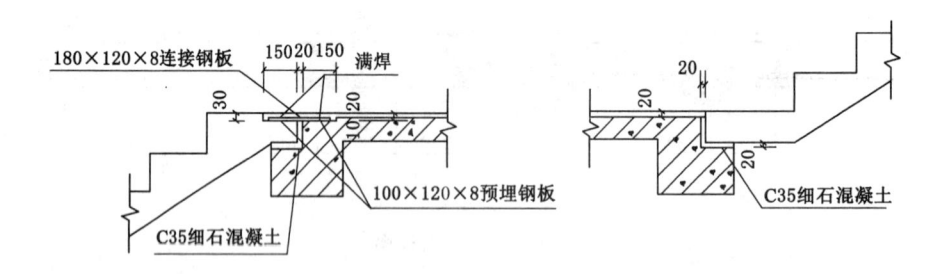

图 9-8 预制梯板连接大样图

制楼梯板在支撑构件上的搁置长度为 180 mm,滑动铰的滑移控制量为 20 mm。

4．其他预制构件设计

本工程预制构件包括预制夹芯保温外墙板、预制内墙板、预制阳台板、预制叠合板、PCF 和预制女儿墙板、预制空调板、预制楼梯、装饰板等。

三、基础设计

本工程采用水泥粉煤灰碎石(CFG)桩复合地基,CFG 桩复合地基的地基承载力标准值为 420 kPa，最终最大沉降量控制值不大于 50 mm，倾斜值不得大于 0.10%。采用筏板基础，板边外挑 1.2 m，基础板厚 1.2 m，对基础板分别进行抗冲切和抗剪验算，均符合要求。基础板配筋为双层双向通长配置。基础平面布置见图 9-9。

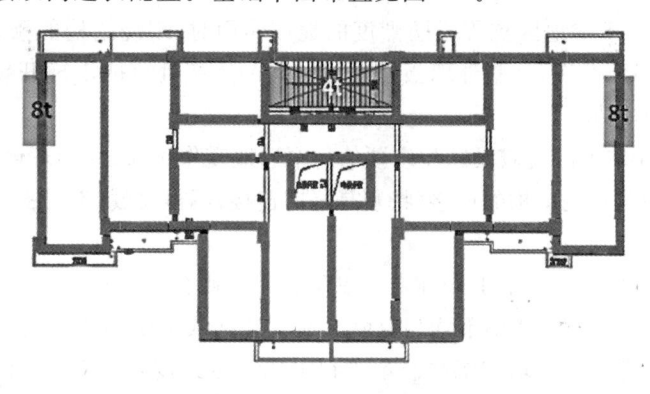

图 9-9 基础平面布置图

四、装配式剪力墙结构的抗震性能设计

装配式剪力墙结构体系具有多道抗震防线，设计中只要能保证"强墙弱梁、更强节点"，则连梁即可作为第一道抗震防线。对于跨高比为 1.5～2 的连梁（主要为内墙门洞口上的连梁），当具备以下条件时可视为理想的耗能构件：一是承担较少的楼面荷载；二是两端有延性较好的墙体；三是位置便于维修。对于这类构件采取适当的抗震构造措施就可以构成抗震设防的第一道防线。另外，通过预制墙板与现浇结构之间的水平连接缝开裂，对跨高比小于 1.5 的连梁采用组合配筋构造等措施，使连梁具有一定的延性，起到耗能的作用。剪力墙为结构主要抗侧力及承重构件，为结构的第二道抗震防线。

1. 预制剪力墙抗震性能研究

根据 5 个剪跨比为 2.25 的剪力墙试件的拟静力试验，得出以下结论：预制墙板与现浇墙体采取一定的连接措施后，也具有与现浇抗震墙类似的抗震性能——承载能力和塑性变形能力；预制墙板与现浇墙体之间的竖向连接缝相对于水平连接缝的开裂较早；预制墙板的屈服来自底部水平缝的开展、连通，最终导致端部底角约束区域混凝土压屈和纵向钢筋屈服；预制墙板四周连接面的形态对连接性能的影响较大，键槽与抗剪粗糙面的形式均有良好的性能。

试验表明，在采取适当措施后，装配式剪力墙的承载力较现浇试件有了较大提高，刚度也较大，延性及耗能能力虽有所降低，但仍能满足规范要求。数值模拟研究表明，装配式混凝土剪力墙结构节点具有与现浇节点相当的抗震能力，通过进一步节点构造优化，例如连接钢筋可采用闭合箍筋锚固等措施，能使装配式叠合剪力墙结构的抗震承载力和抗震性能不低于相应现浇剪力墙结构的，因此可以将此结构等同为相应的现浇剪力墙结构。

2. 本工程抗震性能目标

根据结构抗震防灾设防目标的要求，结合装配式剪力墙结构的受力特性及本工程特点，确定如下结构性能目标：

（1）在正常使用状态下（包括风、雪、自重等作用），主体结构构件处于弹性工作状态；在预制墙板及其与现浇结构的连接处，不得产生超过规范规定宽度的裂缝，预制墙板及其连接缝应具有不低于设计使用年限时限要求的抗渗能力。

（2）在遭受低于本地区抗震设防烈度的多遇地震作用时，主体结构构件基本处于弹性工作状态，预制墙板不受损伤。

（3）在遭受相当于本地区抗震设防烈度的地震作用时，现浇结构的预定区域和构件（如连梁等）可能出现部分损伤，预制外墙板与现浇结构的连接处可能出现开裂等损伤。在此阶段，预制墙板一般不屈服。

（4）在遭受高于本地区抗震设防烈度预估的罕遇地震作用时，结构不倒塌；预制墙板虽局部出现屈服破坏，但与现浇结构的连接（特别是竖向连接）不得失效，不得丧失竖向承载能力。

3. 本工程设计原则

根据以上抗震性能目标，本工程确定了以下设计原则：

（1）适当增加基础刚度，减小不均匀沉降影响。装配式建筑属于对地基变形比较敏感的建筑类型，因此应避免出现不均匀沉降。本工程采用平板式筏基和 CFG 桩复合地基，基础整体性较好，CFG 复合地基最终最大沉降量控制值不大于 50 mm，倾斜值不得大于 0.10%。

（2）加强地下室结构的刚度和整体性。本工程结构嵌固端设在地下室顶板，通过增加墙厚、开洞等办法，在不影响使用的前提下，保证地下室与首层的剪切刚度比大于 2。

（3）注重建筑设计方案的规则性，控制建筑的高宽比。按照地方标准《装配整体式混凝土剪力墙结构设计规程》，对于建筑高宽比较大的建筑应补充设防烈度地震作用的验算，以判断结构在端部、角部和重要的连接部位等处是否会存在较大的受拉区，应避免预制墙板构件出现偏心受拉。本工程高宽比为 4.5，在小震作用下未出现剪力墙偏心受拉。

（4）适当提高整体结构的弹性刚度。在小震和中震时，较小的层间位移角有利于发挥预制墙板的性能。本工程在小震下的最大层间位移角为 1/2 883，中震下的最大层间位移角为 1/941。

（5）保证剪力墙具有适度的延性，注意剪力墙墙肢截面形状的选取，并控制墙肢的轴压比和剪压比。本工程控制预制墙板的墙肢轴压比在 0.3 以下，墙体的剪压比在小震时为 0.054、中震时为 0.154。

4. 结构抗震计算

本工程结构抗震计算采用了"包络设计法"，采用两种计算模型分别进行小震和中震不屈服计算。考虑到窗下墙实际存在的刚度作用，分别按照窗下墙作为连梁的一部分和扣除窗下墙两种计算模型计算，剪力墙边缘构件和连梁配筋取两种情况下的不利值进行。中震分析主要用于验证墙板水平接缝的承载力。结构抗震计算模型见表 9-1，相应模型计算结果见表 9-2～表 9-4。

表 9-1 结构抗震计算模型

序号	模型描述	地震作用	说明
模型 1	全现浇	小震	整体抗震性能评估，墙板连接验算
模型 2	扣除开洞预制墙板刚度	小震，地震作用放大 10%	现浇墙体设计，墙板连接验算，连梁承载力验算
模型 3	全现浇	中震不屈服	建筑高宽比较大时，结构整体变形和墙肢应力分布评估，墙板竖向连接验算

第九章 装配式建筑案例分析

表 9-2 模型 1 计算结果

周期		T_1/s	T_2/s	T_3/s	T_t/T_1
		1.413(Y)	0.938(X)	0.642(t)	0.455
层间位移角		X 方向	1/4.57	Y 方向	1/2 883.00
层间最大位移比		X 方向	1.17	Y 方向	1.26
基底内力	剪力	V_x/kN	4 738.45	V_y/kN	3 846.24
	弯矩	M_x/kN·m	240 383.35	M_y/kN·m	163 845.30
剪重比		X 方向	2.84%	Y 方向	2.36%
质量系数		X 方向	92.45%	Y 方向	95.65%
最大轴压比		首层	0.29	十层	0.24
标准平均重量		18.15 kN·m	结构总质量		16 304.55 t

表 9-3 模型 2 计算结果

周期		T_1/s	T_2/s	T_3/s	T_t/T_1
		1.472 6(Y)	1 025(X)	0.801(t)	0.544
层间位移角		X 方向	1/3 946.00	Y 方向	1/2 559.00
层间最大位移比		X 方向	1.21	Y 方向	1.31
基底内力	剪力	V_x/kN	3 525.55	V_y/kN	3 494.68
	弯矩	M_x/kN·m	190 597.73	M_y/kN·m	164 440.33
剪重比		X 方向	2.34%	Y 方向	2.32%
质量系数		X 方向	92.45%	Y 方向	95.65%
最大轴压比		首层	0.27	十层	0.22
标准平均重量		17.11 kN·m	结构总质量		15 079.50 t

表 9-4 模型 3 计算结果

周期		T_1/s	T_2/s	T_3/s	T_t/T_1
		1.472 6(Y)	1.025(X)	0.801(t)	0.544
层间位移角		X 方向	1/1 409.00	Y 方向	1/941.00
层间最大位移比		X 方向	1.21	Y 方向	1.31
基底内力	剪力	V_x/kN	9 871.53	V_y/kN	9 785.1
	弯矩	M_x/kN·m	533 673.81	M_y/kN·m	460 433.00
剪重比		X 方向	4.48%	Y 方向	6.49%
质量系数		X 方向	92.45%	Y 方向	95.65%
最大轴压比		首层	0.22	十层	0.22
标准平均重量		17.11 kN·m	结构总质量		15 079.50 t

注：T_1——第一振型周期（沿 y 方向平动）；

T_2——第二振型周期（沿 x 方向平动）；

T_3——第三振型周期（扭转振型）；

T_t/T_1——第一扭转周期与第一平动周期之比；

V_x——沿 x 方向剪力；

V_y——沿 y 方向剪力；

M_x——绕 x 轴弯矩；

M_y——绕 y 轴弯矩。

整体计算采用了考虑扭转耦联的振型分解反应谱法,结构前两个振型分别为沿 X 和 Y 方向的平动,第三振型为扭转振型,结构第一扭转周期与第一平动周期之比满足规范要求,结构平面规则,竖向承载力、刚度无突变。结构中震作用下层间位移较小,基本满足大于 1/1 000 的要求,具有较好的刚度。

本工程在小震和中震作用下,预制墙肢的轴压比均控制在 0.3 以内,以保证墙肢具有较好的延性。计算结果显示首层轴压比为 0.21~0.34,十层轴压比为 0.20~0.29。X 方向、Y 方向振型有效质量参与系数都达到了 90% 以上,说明计算振型数满足《建筑抗震设计规范》中振型参与质量不小于总质量的 90% 这一规定。

墙肢水平接缝抗剪验算见表 9-5。由计算结果可知,小震作用下墙肢斜截面抗剪承载力与内力计算值的比值为 3.8~4.9,满足相关规范的要求;在小震作用下,墙肢受压,且轴力较大,水平接缝抗剪承载力明显大于内力组合计算值,水平接缝抗剪承载力与内力计算值的比值为 8.5~14.2,满足大于内力增大系数 1.2 的要求;水平接缝抗剪承载力与墙肢实际斜截面抗剪承载力的比值为 2.2~4.1,满足大于强连接系数 1.4 的要求。

由计算结果对比可知,中震作用下大部分墙肢处于受拉状态,水平接缝抗剪承载力与内力计算值比值为 1.89~2.24,满足内力增大系数 1.2 的要求;水平接缝抗剪承载力与墙肢实际斜截面抗剪承载力为 1.1~1.5,满足强连接弱构件的要求。中震作用下,不同荷载组合的轴力相差较大,从而导致接缝水平抗剪承载力变化比较明显。

五、预制构件生产与施工工艺要点

(1) 本工程采用外墙保温与预制结构构件一体化生产,外墙板生产采用反打工艺,墙板脱模吊点兼顾墙板支撑功能,墙板支撑采用暗埋螺母形式。外挂架与预制墙板通过高强螺栓连接。预制墙板预留穿孔,预留孔按 3‰ 放坡,最小孔径应大于穿墙螺栓直径 10 mm。安装吊环采用吊钉形式,吊点设置于墙身部位,构件长度小于 4 m 设 2 个吊点,大于 4 m 设 4 个吊点。在设计阶段应确定构件的吊装方式及相关注意事项。

(2) 预制墙板应对起吊、运输、存放、安装和调整定位等工序进行必要的验算,并结合各工序的要求设置预埋件、连接件以及临时性的固定件或加强件。预制墙板的设计应满足建筑装饰构件的连接、装修部品的安装和固定、机电管线的预留预埋以及管线的连接和维修等方面要求,并在预制构件的设计中统一考虑。

(3) 为取消外脚手架,本工程采取如下措施:在预制墙板设计中应考虑现浇节点外侧模板固定问题,本项目中利用外墙板保温层外侧 60 mm 厚的混凝土保护/饰面层作为现浇节点外模板,设置对拉螺栓固定件,确保浇筑质量。在预制外墙板顶面和洞口部位,设置安全护栏临时固定孔或固定件。

(4) 预制墙板的尺寸还应考虑施工吊装能力的限制。预制墙板的尺寸应考虑制作和运输的条件。根据目前常用的施工起重设备的吊装能力,预制构件的安装质量控制在 8 t 以下是可行的,该质量控制值可以满足开间尺寸在 6.6 m 以下的剪力墙结构住宅的需求。

(5) 装配式结构设计应当注重对构件加工和安装误差的控制与消除,避免制作误差、安装误差的累积;预制构件在制作阶段的误差,应该在安装阶段对预制构件固定之前予以消除。因此,在预制构件及其支撑面之间、相邻预制构件之间均应留设不小于 10~20 mm 的安装调节缝。

第九章 装配式建筑案例分析

表 9-5 墙肢水平接缝抗剪验算

小震下水平接缝验算

墙肢编号	N/kN	V/kN	M/kN·m	λ	V_w/kN	轴压比	剪压比	V_w/V	V_j/kN	V_j/V_w	V_j/V	荷载组合
FQA-22.27.20	−2 824.0	369	888	0.618	1 406	0.224	0.022	3.81	3 125.0	2.2	8.5	1.2D+0.6L-028Wy-1.3Ey
FQ-B-48.2720-12-14	−1 953.0	316	664	0.568	1 324	0.210	0.020	4.19	2 878.0	2.2	9.1	
FQ-L-B-30.27.20/50-15-14	−1 017.0	57	40	1.081	263	0.184	0.021	4.61	1 024.0	3.9	18.0	1.2D+0.6L-028Wx-1.3Ex
FQ-L-B-30.27.20/50-18-17	−948.0	69	69	1.517	237	0.227	0.025	3.43	976.0	4.1	14.1	
FQ-L-B-30.27.20/50-18-17	−677.0	48	29	0.905	238	0.218	0.017	4.96	683.0	2.9	14.2	1.2D+0.6L-028Wx-1.3Ex

中震下水平接缝验算

墙肢编号	N/kN	V/kN	M/kN·m	λ	V_w/kN	轴压比	剪压比	V_w/V	V_j/kN	V_j/V_w	V_j/V	荷载组合
FQA-22.27.20	−1 113.0	692	1 436	0.533	1 306	0.224	0.030	1.89	1 893.8	1.5	2.7	D+0.5L+E
FQ-B-48.2720-12-14	−95.0	577	1 192	0.558	1 228	0.210	0.026	2.13	1 437.2	1.2	2.5	
FQ-L-B-30.27.20/50-15-14	186.0	116	84	1.105	246	0.184	0.030	2.12	297.9	1.2	2.6	
FQ-L-B-30.27.20/50-18-17	25.8	1220	98	1.220	223	0.227	0.031	1.83	240.7	1.1	2.0	
FQ-L-B-30.27.20/50-18-17	142.0	99	65	1.002	221	0.218	0.025	2.23	254.6	1.2	2.6	

注：V_w——墙肢斜截面抗剪承载力；
V_j——墙肢水平接缝处抗剪承载力设计值；
V——墙肢水平剪力设计值；
N——墙肢轴力设计值；
M——墙肢弯矩设计值；
λ——剪跨比。

(6) 工程采用的预制墙板为结构-保温-建筑装饰一体化的复合墙板,安装施工时不得采用焊接操作,以避免对建筑保温层造成损伤。

六、综合分析

(1) 根据本工程特点,对预制剪力墙的边缘构件、水平分布筋、竖向分布筋、水平施工缝所采取的计算和构造措施,能使装配式剪力墙结构的抗震承载力和抗震性能不低于相应的现浇剪力墙结构,因此可将此结构等同为一般的现浇剪力墙结构。

(2) 在装配整体式剪力墙结构中,允许在局部根据使用功能、结构性能等的设计要求,选择满足需要的其他连接形式(包括干法或湿法、点式或线式连接等),但结构主体能满足整体式连接的基本要求。

(3) 预制墙板之间通过采用"强连接"的形式,可以达到与现浇剪力墙结构相似的性能;在满足建筑正常使用的抗裂要求和"小震不坏"的抗震设防目标下,通过采用适度连接的形式,可以使结构在承载力和延性相互协调中获得更适宜的抗震性能。本工程预制构件的连接和节点构造满足抗震性能要求,抗震设计可以满足抗震性能目标,为本结构体系的进一步推广起到示范作用。

第二节 装配式框架-剪力墙结构案例分析

一、工程概况

上海颛桥万达广场位于上海市闵行区颛桥镇中心区域,工程为一栋4层(局部5层影院)的集购物中心、休闲娱乐为一体的大型商业项目,如图9-10所示。本工程地面部分采用装配整体式框架结构。预制构件分别为预制双T板、预制桁架钢筋叠合楼板、预制叠合梁、预制楼梯等,工程最终实现的预制率为30%。

图9-10 上海颛桥万达广场效果图

工程总用地面积约4.6万 m^2,总建筑面积约15.0万 m^2,地下约4.7万 m^2,地上约10.3万 m^2,建筑高度23.75 m(<24.00 m)。

建筑地下共2层(局部1层),地上共4层(局部5层),预制率为30%(国内商业首次采用双T板),地下部分为超市、停车位;地上部分为电玩店、KTV、运动集合店、健身店、儿童零售店、影城等。

二、PC政策征询与落实

本项目于2015年底土地摘牌,土地出让合同中明确本项目的单体预制率不少于30%;考虑到项目实施难度,业主与政府相关部门曾进行多次沟通,考虑大商业项目预制的实施难度,适当调整预制率,均未获得批准。依据上海市绿色建筑的相关发展要求及文件,预制率为30%已属于当年执行的最低标准,目前上海市预制率要求已达到40%。

三、设计依据与概念解读

1. 设计依据

设计依据有:与PC结构设计相关的现行国家规范、规程、图集等,上海市地方标准、图集等。上海市绿色建筑及PC的相关文件有:沪建交联〔2013〕1243号文件;沪建管联〔2014〕901号文件;沪建管联〔2015〕417号文件;沪建建材〔2016〕601号文件。

2. 上海市预制率计算原则

(1) 沪建管联〔2015〕417号文件摘录

预制率是指装配式混凝土建筑室外地坪以上主体结构和围护结构中预制构件部分的材料用量占对应构件材料总用量的体积比。装配率是指装配式建筑中预制构件、建筑部品的数量(或面积)占同类构件或部品总数量(或面积)的比率。

(2) 沪建建材〔2016〕601号文件摘录

建筑单体预制率是指混凝土结构、钢结构、钢-混凝土混合结构、木结构等结构类型的装配式建筑±0.000以上主体结构和围护结构中预制构件部分的材料用量占对应构件材料总用量的比率。其中,预制构件包括以下类型:墙体(剪力墙、外挂墙板)、柱/斜撑、梁、楼板、楼梯、凸窗、空调板、阳台板、女儿墙。

(3) 上海市政策解读

《关于本市装配式建筑单体预制率和装配率计算细则(试行)的通知》(沪建建材〔2016〕601号)于2016年7月28日开始执行。

2016年起,除下述范围以外,符合条件的新建民用、工业建筑应全部按装配式建筑要求实施,建筑单体预制率不应低于40%或单体装配率不低于60%。

① 总建筑面积5 000 m^2 以下,新建公建项目;② 总建筑面积5 000 m^2 以下,新建居住建筑;建筑高度100 m以上的新建居住建筑,落实装配式建筑单体预制率不低于15%或单体装配率不低于35%;③ 总建筑面积2 000 m^2 以下,新建工业厂房、配套办公、研发等项目;④ 建设项目的构筑物、配套附属设施(垃圾房、配电房等);⑤ 技术条件特殊,不适宜实施装配式建筑的建设项目。

四、PC构件厂调研与考察

依据工程需求,各参与方参观考察了上海市及长三角地区PC构件的知名生产企业及预制预应力双T板的生产企业,分别对构件生产企业的产品质量、产能供应、产品价格、服务半径、构件运输等多方因素进行了咨询及比对。

五、PC构件选择与结构分析

依据成本控制的要求,本工程由于PC增加的成本应控制在一定数额内。对于技术可行的预制方案进行了多种比选,经过成本对比,其中预制预应力双T板的成本最为经济,成本可控制在1 000万元左右,并且其具有施工现场免模免支撑的优点,施工速度快。最终,本工程采用装配整体式框架结构,框架柱均采用现浇钢筋混凝土,参与装配的部件包括叠合梁、预应力混凝土双T板、预制楼梯、少量叠合楼板。在预制构件之间及预制构件与现浇(及后浇)混凝土的接缝处,受力钢筋采用安全可靠的连接方式,且在接缝处新旧混凝土之间采用粗糙面、键槽等构造措施,结构的整体性能与现浇结构类同,在各种设计状况下,装配整体式结构可采用与现浇混凝土结构相同的方法进行结构分析。单块预制板质量约为43 kN;单根预制梁质量约为49 kN。

预制预应力双T板在工业建筑中相对比较常见,本工程经过细致分析,在国内首次将预制预应力双T板应用在商业建筑中。本工程为商业功能,平面复杂,楼板开大洞,将传统的预制双T板的翼缘板创新设计为叠合楼板,既加强了整体性又为后期商业业态调整楼板开洞等增加了灵活性。双T板布置及建筑隔墙示意见图9-11。双T板及其连接示意见图9-12。

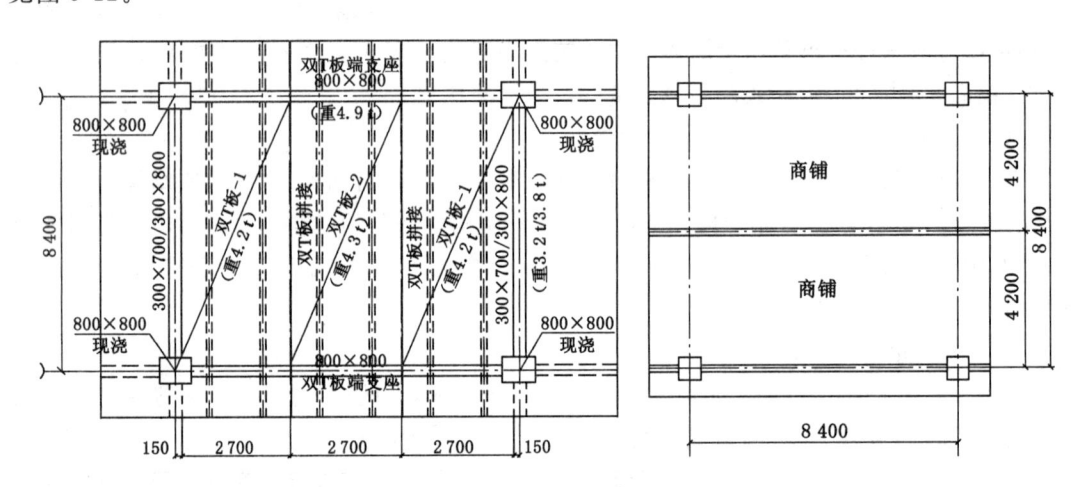

图9-11 双T板布置及建筑隔墙示意图

六、PC与现浇混凝土项目的设计区别

涉及PC的项目,需要明确装配式结构类型(即包括哪些部位采用预制构件),明确项目的预制率具体数值。需要增加预制构件布置说明,明确采用预制混凝土构件的相关说明(包括预制构件混凝土强度等级、钢筋种类、钢筋保护层等);明确装配式结构构件典型连接方式(包括结构受力构件和非受力构件等连接);增加预制构件制作和安装的设计说明,明确预制构件钢筋接头连接方式及相关要求,注明连接节点;增加预制构件模板图和配筋图,增加预制构件明细表或索引图,注明预制构件示意、拆分定位及规格尺寸,结构主要或关键性节点、支座及连接示意图,注明预制构件与现浇、预制构件间的连接详图;增加预制构件连接计算和连接构件大样图;对建筑、机电设备、精装修等专业在预制构件

（a）双T板剖面示意

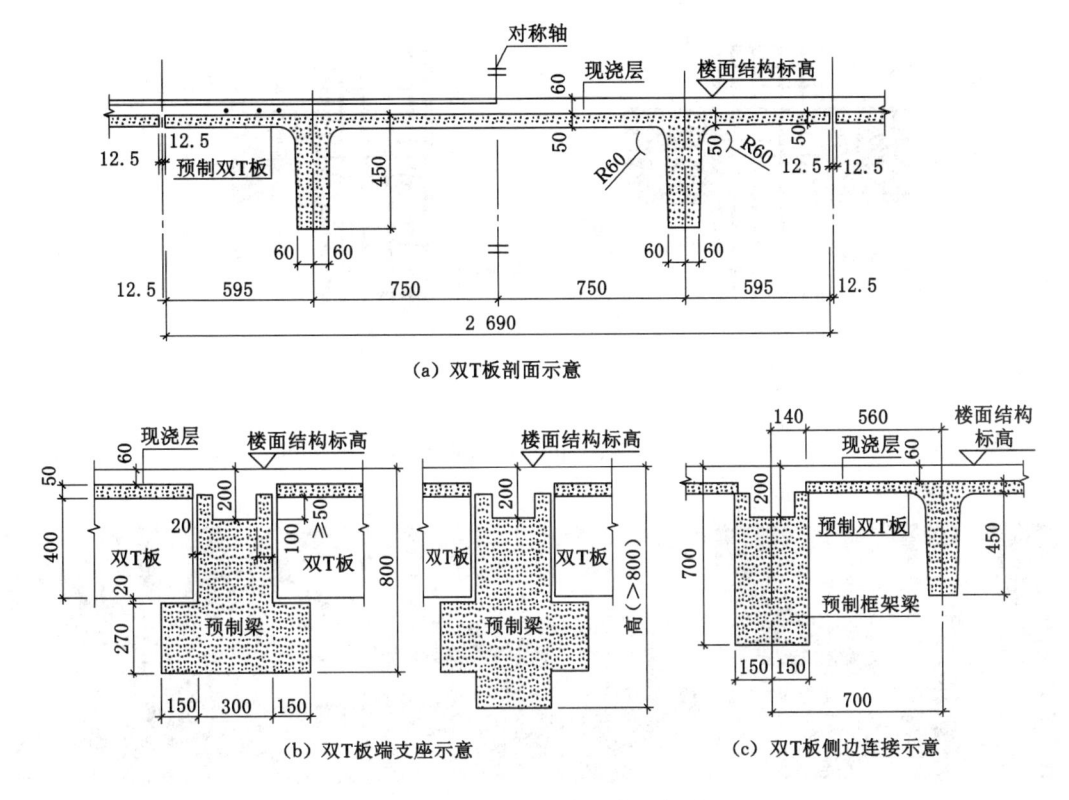

（b）双T板端支座示意　　（c）双T板侧边连接示意

图 9-12　双T板及其连接示意图

上的预留洞、预埋管线、预埋件及连接件进行提前综合；增加预制构件制作、安装注意事项、施工顺序说明等，对预制构件提出质量及验收要求；明确施工、吊装、临时支撑要求及其他与预制相关需要说明的内容；明确预制构件连接材料、接缝密封材料等。

计算书须增加连接节点、拼缝计算、装配式结构预制率的计算等必要的内容，以及结构构件在生产、运输、安装（吊装）阶段的强度和裂缝验算要求。

七、PC设计过程的技术细节处理与完善

1. 预制框架梁、现浇框架柱节点设计

本项目经过结构方案经济性比选及两次PC专项专家论证会，最终采用框架柱全现浇的结构方案，框架柱节点核心区的梁、柱纵筋的空间交错是PC设计的最核心问题之一。

初期节点问题：核心区柱纵筋与箍筋形成网状。① 梁底筋弯锚方式，与对应方向梁底筋碰撞，且与柱箍筋冲突；② 梁腰筋无法进入核心区；③ 端节点现浇层梁顶筋弯折锚固无法实现。梁、柱节点示意见图9-13。

梁、柱节点改进方法1：节点改进后，梁底筋采用直锚方式，1∶6放坡避让对面梁底筋。框架梁非抗扭腰筋不伸入柱核心区。框架梁抗扭腰筋伸入柱核心区，并在预制梁端预留接驳器。

梁、柱节点改进方法2：节点改进后，梁柱平齐时，平齐侧梁增加构造架立纵筋。端支座现浇层梁顶筋采用直锚方式。典型节点均采用平面放样进行分析。梁、柱节点现场施工图见图9-14。

(a) 梁柱节点示意1 (b) 梁柱节点示意2

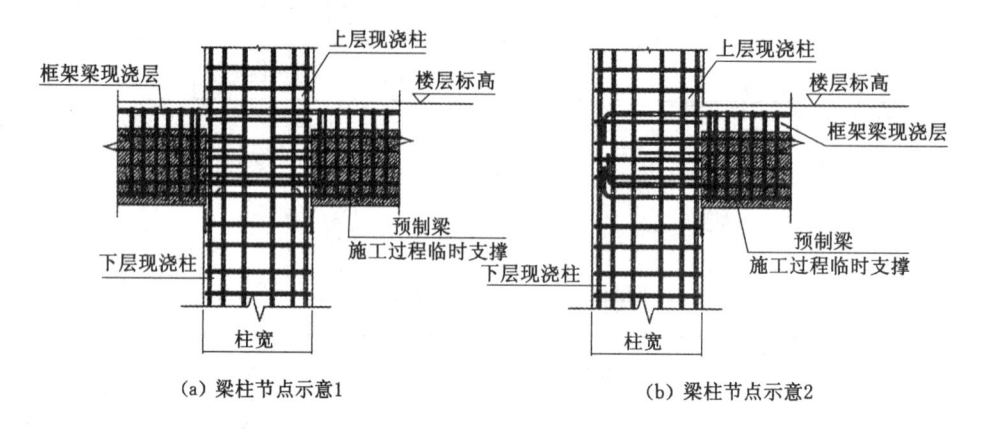

图 9-13 梁、柱节点(问题节点)示意图

(a) (b) (c)

图 9-14 梁、柱节点现场施工图

2. 框架梁顶现浇层凹槽深度预留分析

项目初期,考虑尽量预制梁预制体积以增加预制率,凹槽深度采用梁顶可排布两层钢筋后并满足规范叠合层≥150 mm的最小尺寸,梁施工图配筋完成后,具体放样分析,该凹槽深度改进为200 mm与250 mm两种。

3. 梁箍筋开口、闭口选择

梁箍筋按行业标准《装配式混凝土结构技术规程》(JGJ 1—2014)和沪标规程《装配整体式混凝土公共建筑设计规程》(DGJ-08-2154—2014)分为两种,如图9-15和9-16所示。箍筋为闭口时受力同整浇梁;箍筋为开口时施工方便,但抗扭承载力无法等同现浇梁。最终方案:框架梁箍筋加密区采用封闭箍筋、非加密区采用开口箍筋,次梁优先选择开口箍筋;双T板支座梁及受扭的梁箍筋统一采用封闭箍;中庭悬挑梁临跨梁,考虑悬挑梁顶筋约束作用,封闭箍筋的长度取不小于悬挑梁长度。

4. 主梁与次梁的连接选择

主梁与次梁可以采用预留后浇段的形式进行连接,后浇段可以设置在主梁上,也可以设置在次梁上。本工程预制次梁采用现浇方式。主梁在次梁钢筋对应位置预留接驳器如图9-17所示,主梁与次梁现场连接如图9-18所示,现浇层主、次梁节点平面图及主梁侧边切除示意如图9-19所示。

第九章 装配式建筑案例分析

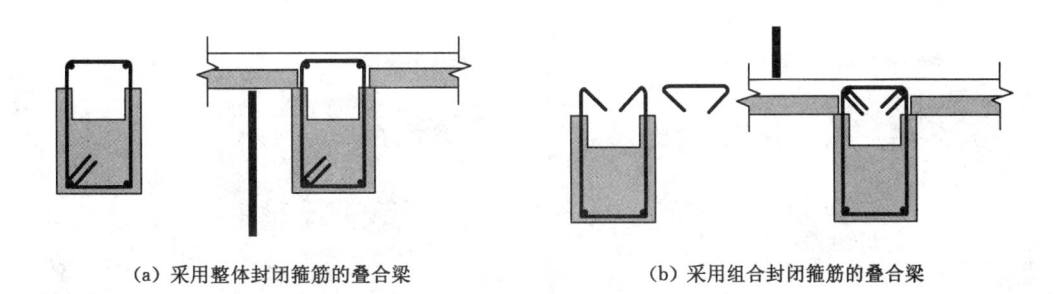

(a) 采用整体封闭箍筋的叠合梁　　　　　(b) 采用组合封闭箍筋的叠合梁

图 9-15　梁箍筋行业标准做法示意

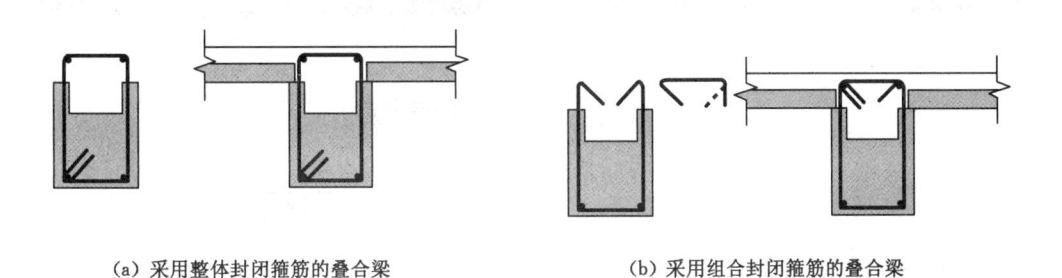

(a) 采用整体封闭箍筋的叠合梁　　　　　(b) 采用组合封闭箍筋的叠合梁

图 9-16　梁箍筋上海市规范做法示意

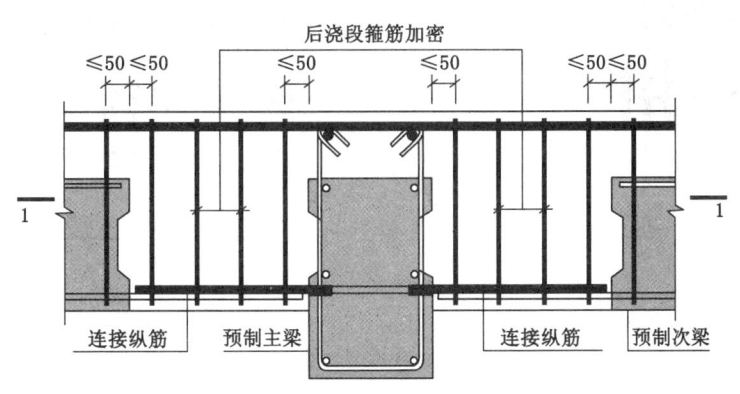

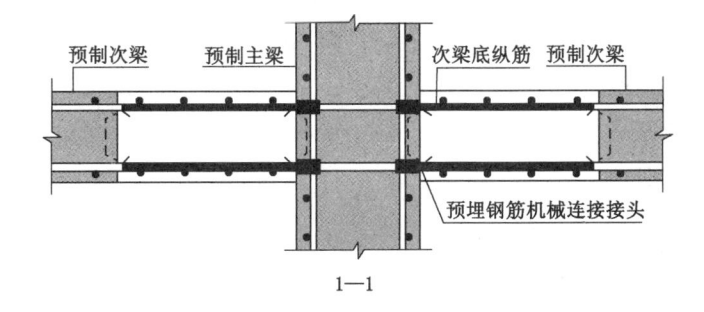

图 9-17　次梁预留接驳器示意图

(a) (b)

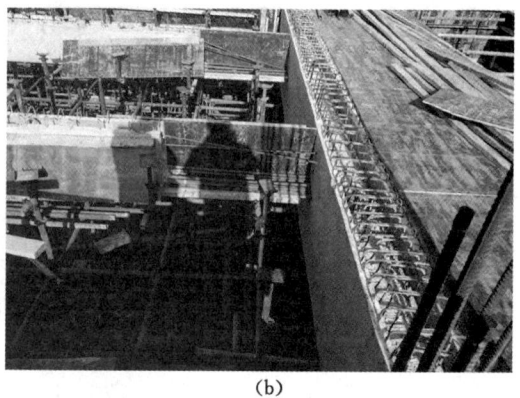

图 9-18 主梁与次梁现场连接图

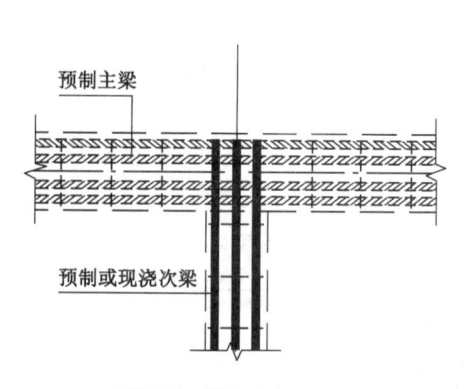

现浇层主、次梁节点平面一

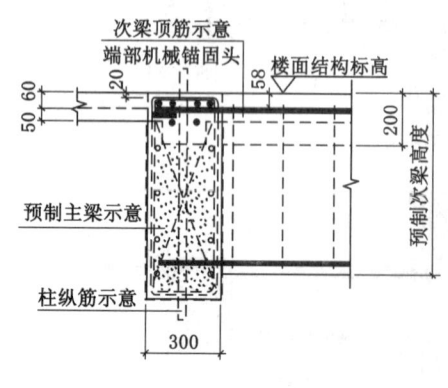

现浇层主、次梁节点平面二

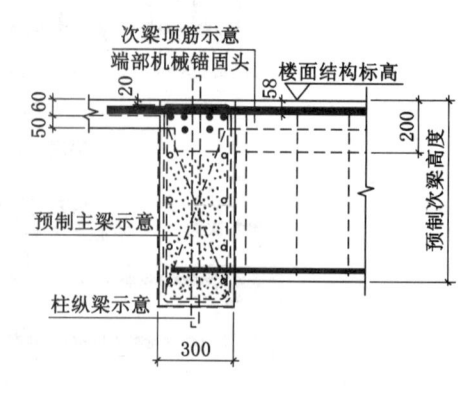

预制次梁对应的主梁凹口侧边切除示意
适用于单侧简支次梁支座

预制次梁对应的主梁凹口侧边切除示意
适用于单侧简支次梁支座

图 9-19 现浇层主、次梁节点平面图及主梁侧边切除示意图

5. 叠合楼板与叠合梁的连接

叠合楼板的厚度建议取值 120 mm(60 mm 预制板＋60 mm 现浇层)。其中,60 mm 为预制板最小厚度,考虑了吊装运输过程、裂缝控制。依据沪建管联〔2015〕417 号文件,本工程建筑面层厚≥50 mm,考虑面层后板厚≥150 mm。60 mm 现浇层厚度可保证现浇层内能穿过单根预埋线管,并保证现浇层不露钢筋,详见图 9-20～图 9-24。

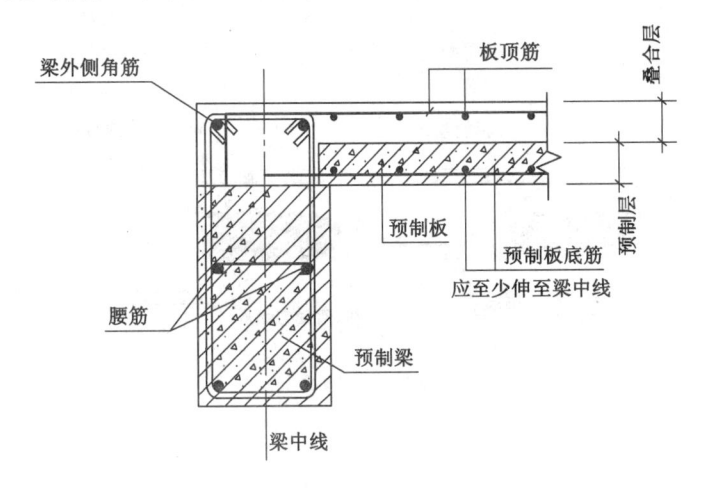

图 9-20 边梁支座示意图

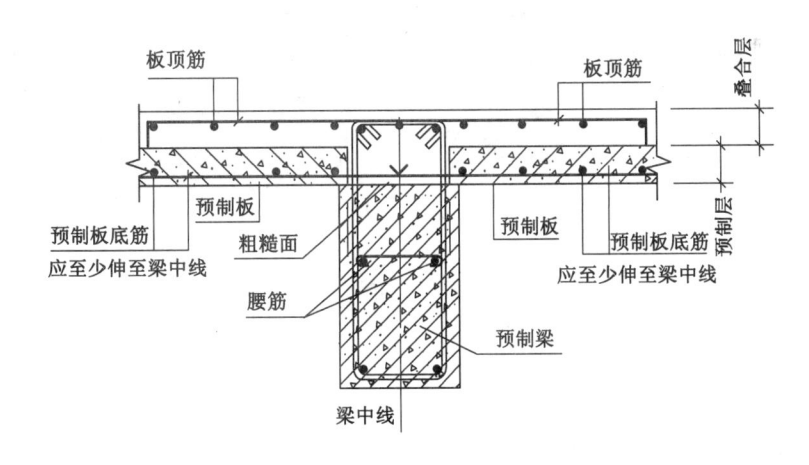

图 9-21 中间梁支座示意图

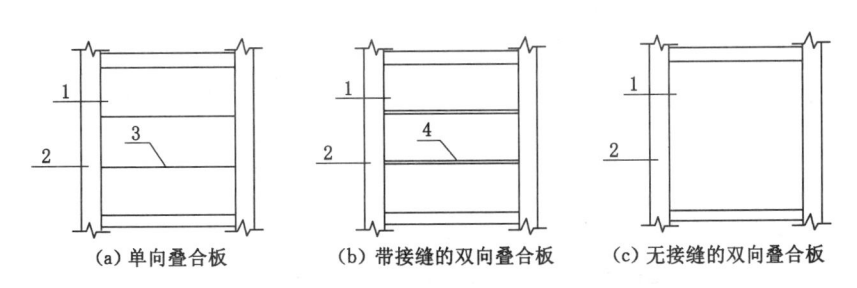

(a) 单向叠合板　　(b) 带接缝的双向叠合板　　(c) 无接缝的双向叠合板

1—预制板；2—梁或墙；3—板侧分离式接缝；4—板侧整体式接缝。

图 9-22 叠合板的预制板布置形式示意图

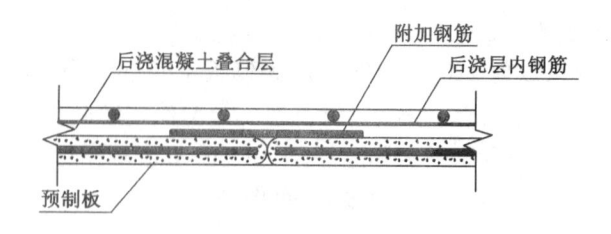

图 9-23 单向叠合板板侧分离式拼缝构造示意图

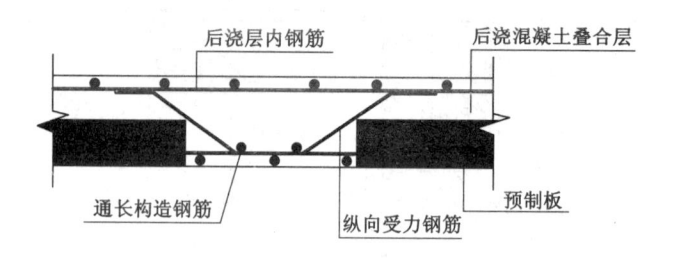

图 9-24 双向叠合板整体式接缝构造示意图

6. 预制楼梯

本工程采用两端均为固定支座的楼梯形式,详见图 9-25～图 9-26。

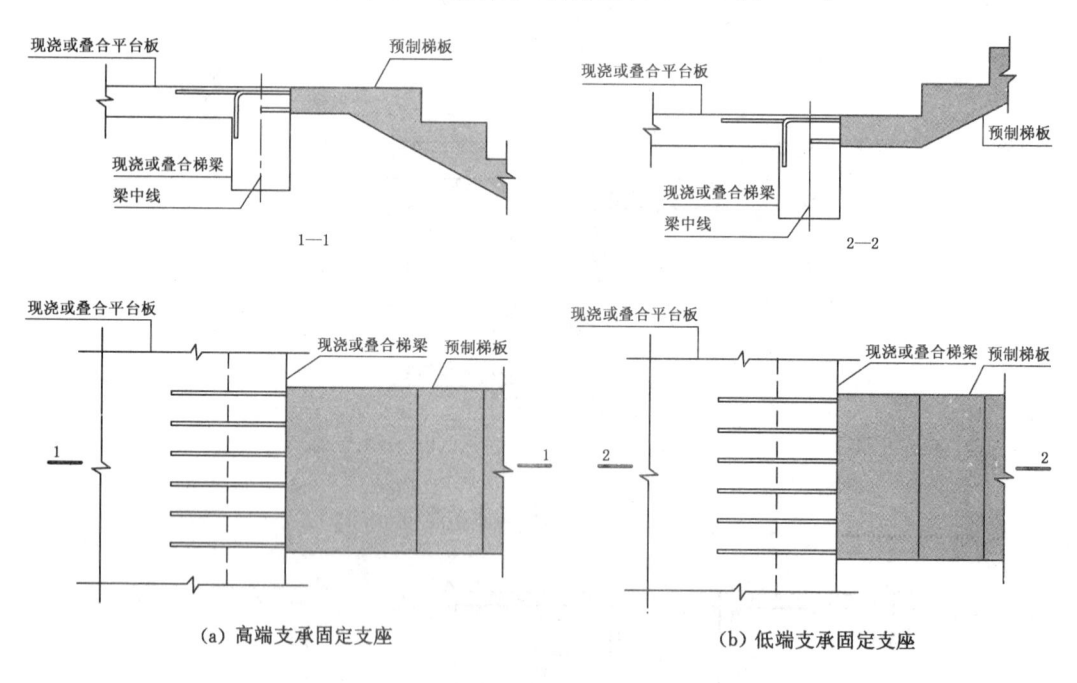

(a) 高端支承固定支座　　(b) 低端支承固定支座

图 9-25 两端均为固定支座的楼梯示意图

7. 预应力双 T 板后期改造的可行性分析

(1) 后期平面业态功能调整,荷载增加

将传统的双 T 板翼缘板的平整表面改善成按粗糙毛面处理并预留抗剪钢筋,与现浇层形成叠合楼板,并在拼缝位置增加附加受力钢筋形成等强受力板;荷载增加较少时按叠合后

(a)   (b)

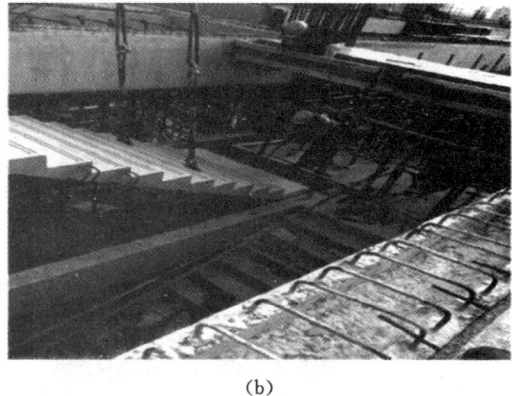

图 9-26 预制楼梯施工现场图

的楼板进行设计复核,一般可满足要求;荷载增加较多时,可采用肋底粘钢或粘碳纤维的方式进行加固处理。

（2）后期改造——楼板开洞

按上述叠合后的楼板进行洞口补强处理,开洞尺寸≤600 mm 时,可直接开洞处理;洞口尺寸＞600 mm 时,可在洞口周边增加补强碳纤维或粘贴钢板;洞口较大时,可在肋板间增加次梁进行洞口补强。

八、典型结构平面工图及现场施工实景

结构平面图见图 9-27。现场施工实景见图 9-28～图 9-33。

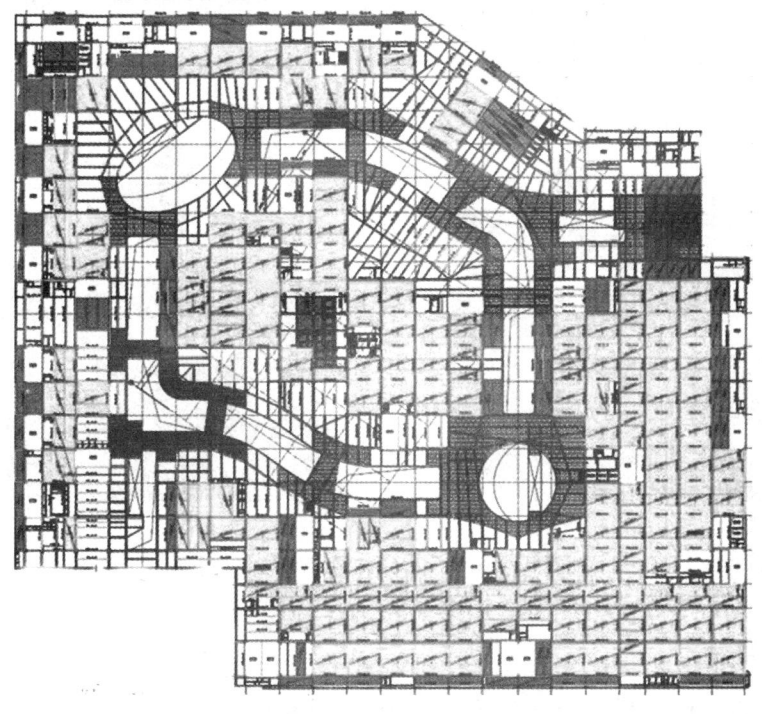

图 9-27 2、3、4 层 PC 结构平面布置图

图 9-28　双 T 板吊装图　　　　　　图 9-29　双 T 板拼装图

图 9-30　叠合板安装图　　　　　　图 9-31　预制梁吊装图

图 9-32　预制梁安装图　　　　　　图 9-33　主体封顶

九、预制率统计

各层预制率计算见表 9-6 和表 9-7。本工程总体预制率计算见表 9-8。

表9-6　2层预制率

预制混凝土构件	混凝土量/m³	预制率/%	混凝土总量/m³
预应力混凝土双T板	847.706	13.13	6 455.736
PC叠合板	63.372	0.98	
预制梁	821.145	12.72	
楼梯	288.920	4.48	
合计	2 021.143	31.31	

表9-7　大屋面层预制率

预制混凝土构件	混凝土量/m³	预制率/%	混凝土总量/m³
预应力混凝土双T板	292.718	5.34	5 477.043
PC叠合板	192.364	3.51	
预制梁	668.761	12.21	
楼梯	45.140	0.82	
合计	1 198.983	21.88	

表9-8　总体预制率

楼层	预制构件混凝土量/m³	预制率/%	混凝土总量/m³
2层	2 021.143	7.62	26 522.778
3层	2 022.768	7.63	
4层	1 917.152	7.23	
大屋面层	1 198.983	4.52	
小屋面层	823.306	3.10	
合计	7 983.352	30.10	

十、综合分析

本工程PC设计采用了装配整体式框架结构体系,地上区域框架柱均采用现浇钢筋混凝土;2、3、4层楼面预制构件主要采用预制预应力双T板、预制叠合梁、预制楼梯、少量预制叠合板,屋面层主要采用预制叠合梁;楼层的非规则楼板及屋面楼板均采用现浇混凝土,本工程整体预制率可满足30%的要求。

本工程在国内首次将预制预应力双T板应用在商业广场的项目中,率先完成商业广场项目PC设计,最终以72 d的总施工工期顺利完成地上预制及现浇钢筋混凝土现场施工(即主体结构封顶),可为类似工程案例提供参考。

第三节 预制构件工厂化生产案例分析

一、概述

小型混凝土构件可分为活性粉末混凝土(RPC)材料的盖板和无机复合型(水泥基)材料的遮板、桥梁栏杆、电缆槽、路基防护栅栏等。过去,除RPC材料的构件有一些工厂化生产经验外,其他小型混凝土预制构件大多采用在一块空场地上进行"作坊"式生产,其生产的形式和作业标准远达不到工厂化生产、机械化作业、专业化施工、信息化管理的标准化要求。按照大西铁路客运专线公司的决策,大西全线全部构件采取工厂化生产。由十二局一公司组建的临汾构件预制场按照高速铁路标准化管理要求,积极探索,建设了预制件厂房,设计应用了一套新颖、完整的预制构件工厂化生产线,取得了良好的生产效率和经济效益。

二、构件厂整体规划

根据承担的生产任务和工期要求,构件厂设计满足生产盖板3 000块/d、遮板800块/d及预制相应数量的其他构件要求。厂内利用既有2间钢结构厂房做生产车间,因地制宜规划布置,每间厂房面积78 m×18 m,一间作为遮板生产车间,布置遮板生产线;一间作为盖板生产车间,布置RPC盖板生产线,兼作其他预制件的生产车间;每间厂房端头设1套专业拌合站。另设钢筋加工车间、模具清洗整备车间和蒸养房。2条主要生产线由混凝土运输、布料、振动成型、静停、脱模等区组成,按功能分区,流水作业,互不干扰。

三、生产线的组成与设计

(一)生产线布置

遮板生产线设置1条混凝土供应线,2条布料线,3个振动台。遮板生产线平面布置见图9-34。混凝土生产选用JS1000拌合站,混凝土供应线由支撑结构、走行系统、接料斗、控制系统组成;布料线由支撑结构、走行系统、分料斗、螺旋分料机、控制系统组成;振动台由底座、支撑弹簧、顶升气囊、振动电机、支撑托架等组成。养护区由养护房、活动棚顶、蒸汽管道、散热片、温控系统组成。模具组装回送区由输送轨道、输送小车及托盘等组成。每个功能区都采用机械作业、电气控制,工厂化程度高。RPC盖板生产线设置1条混凝土供应线,1条传送带,传送带两侧布置8个振动台。

(二)自主设计的遮板生产线设备

1. 混凝土接料车

接料车由支撑结构、走行系统、接料斗、控制系统组成。支撑系统采用$h=300$ mm的H型钢作立柱,立柱间距6 m;横梁也采用$h=300$ mm的H型钢,上铺设12 kg/m的走行钢轨。走行系统由2台0.5 kW驱动电机和直径150 mm的4个轮子组成。接料仓上口尺寸:长×宽=1 600 mm×1 100 mm,下口尺寸:长×宽=1 600 mm×600 mm,高1 000 mm,接料仓容量1.2 m³。采用电气控制实现接料车的走行、卸料。混凝土接料车见图9-35。

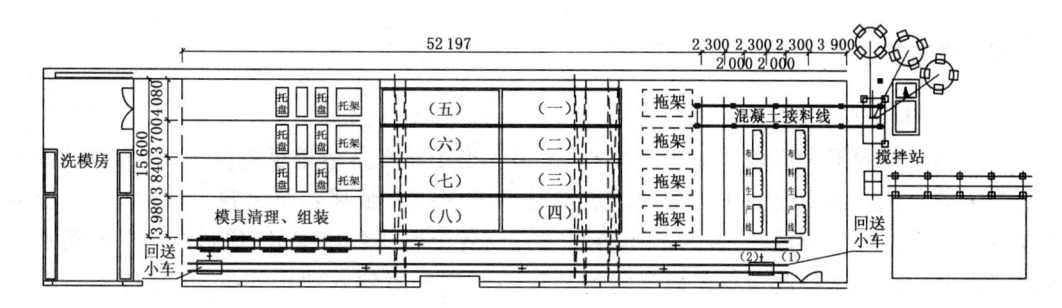

图 9-34 遮板生产线平面布置图

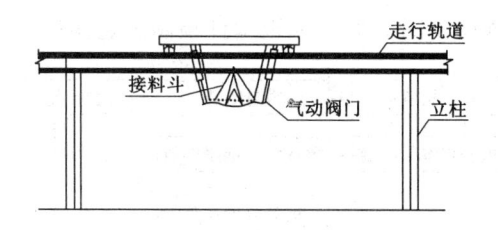

图 9-35 混凝土接料车示意图

2. 布料机

布料机的支撑框架用[14型钢对焊而成,支撑结构长2 500 mm,宽2 300 mm,高2 500 mm。布料机的走行由2个0.5 kW电机驱动铁轮在钢轨上移动。分料斗采用6 mm钢板焊接而成,四周用[14型钢焊接加肋,长2 500 mm,宽800 mm。沿着布料机长度方向平均布置4个分料口,每个分料口采用1台3 kW的螺旋分料机匀速供料。布料机的走行、螺旋机的布料采用远程电气控制或设备上的控制键控制。

3. 可调节式倾斜振动台

可调节式倾斜振动台底座四边采用[100型钢对焊而成,底座四角上安装4个支撑螺旋弹簧,每个支撑弹簧可承受0.3 MPa压力。倾斜边安装2个顶升气囊,顶升最大高度150 mm,可承受0.6 MPa压力,气囊顶升时支撑托架绕一侧的2个弹簧柱连成轴线旋转。振动采用1 kW偏心式振动电机实现,振动幅度和频率通过变频器自由调节。

布料机及振动台见图9-36。

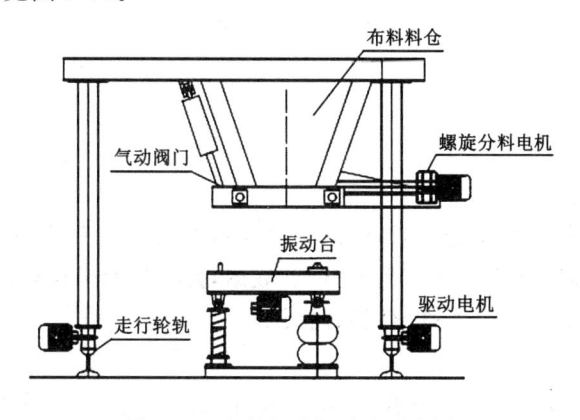

图 9-36 布料机及振动台示意图

四、施工工艺

（一）总体施工方案

模具和钢筋骨架在组装区域组装完成后，用运模小车将其运送至浇筑区，模具通过桁吊吊装至振动台位。混凝土的输送通过轨道接料车纵向运行至拌合站出料口接料，再运行至横向布料车交汇的上方放料，接料后布料车运行到各个振动台位布料，预制构件在振动平台附着式振动器作用下振动成型。成型的构件采用桁吊提吊到养护房养护，达到拆模强度后提出养护房脱模，脱模后的预制件用运输车运输到存储区码放存储。

（二）工艺流程

遮板构件预制工艺流程见图 9-37。盖板构件预制工艺流程与此类似。

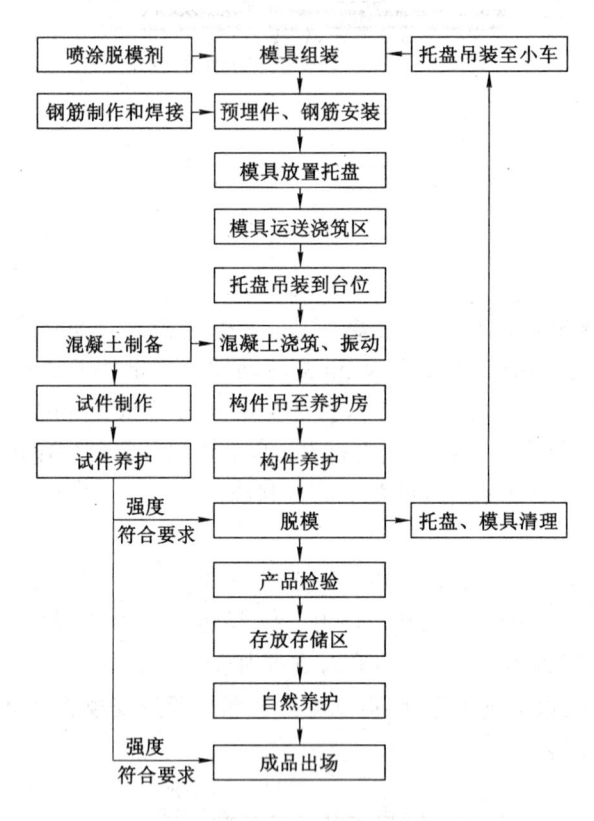

图 9-37　遮板构件预制工艺流程

（三）施工方法

1. 钢筋制作、焊接

进场的钢筋原材料经检验合格后，存储于原材料存放区。钢筋采用数控自动弯箍机加工，在数控显示器上设置钢筋弯曲的角度、长度数据，数控弯曲机自动调直、弯曲、剪切成型。成型的半成品钢筋存放时应分类堆码，挂好标识牌。

2. 模具组装

构件模具均采用 ABS 工程塑料模，模具质量小，拆装快捷。使用后的模具用盐酸浸泡、清水清洗，除掉模具表面的混凝土渣，用软毛刷和抹布清理，切不可用硬工具划伤模具表面，保证模具的光洁和使用时无水渍。模具组装时,先将清洗干净的空模具放置在送模小车的托盘上,安装焊接成型的钢筋笼,再安装上盖板、堵头,每个托盘安装4个模具,安装完后送模小车运送至混凝土浇筑区。模具四周螺丝全部上紧、密封,防止漏浆。

3. 混凝土浇筑

混凝土浇筑分接料、布料、振动成型3个步骤。

(1) 混凝土接料

混凝土接料车由电动机驱动,在架空的轨道上纵向走行至搅拌机出料口接料,接料后再运行至横向布料车交汇处的正上方放料,启动接料车上的气动阀门,混凝土下料至布料车。接料车、布料车的走行及阀门的开启均在控制柜上完成。

(2) 混凝土布料

装料的布料车走行到对应的振动台上布料,开启布料车的气动阀门,启动布料车上的4个螺旋分料机,混凝土均匀分布到每个振动台上的4个模具内,分料器可单独布料也可同时布料,各步骤的操作均采用电气控制。

(3) 混凝土振动成型

构件模具四周全部封闭,气泡排除较困难,振动台设计时采用可调节式倾斜振动台,通过气囊调节模具的倾斜、水平度,实现斜振、平振自由调节;通过变频实现高频、低频振动交替进行。振动台上放置1个活动托盘,由4个锥形销钉限位,每个托盘内可同时放置4个遮板模具,完成一次性4块模具同时浇筑。混凝土进入模具后,调节顶升气囊先斜向振动约2 min,再水平振动约2 min,每次振动分强弱2个等级进行。

4. 构件养护

完成浇筑的构件通过桁吊连同托盘一起吊装至拖架上,每个拖架同时放置2个托盘,再由2号桁吊将拖架放入养护房内。每间养护房可存放托架4列、高度4层,共128块构件。构件在养护房放满静停4 h后,进行保湿干热养护,水泥基产品养护温度为(40 ± 5) ℃,RPC产品养护温度为(80 ± 5) ℃,恒温养护时间一般为15～16 h。养护过程分为升温、恒温、降温3个阶段,升、降温速度均不大于15 ℃/h。养护各阶段的温度、时间控制通过1套全自动温控系统对所有蒸养房进行温度调控,电脑控制温度误差不大于1 ℃,每0.5 h自动录入温度记录,生成温度记录表和温度曲线可随机调用、备查。进入存储区后的构件还须洒水自然养护7 d,冬季施工期间不得进行洒水养护。

5. 构件脱模

混凝土拆模结束养生,山桁吊将拖架从养护房吊至拆模区进行拆模。遮板拆模时先将所有模具螺丝和上盖拆除,再用桁吊一次性提吊4块遮板,用橡胶锤敲击模具振动脱模,切忌用硬物对模具进行敲打。拆除后的模具立即送入盐酸池浸泡、清洗,备下次使用。

6. 成品存放和保护

脱模后的构件通过平板车运至存放区,按不同类别产品存放要求用叉车运至存放区存放,并分类标识。

五、构件工厂化生产特点

(1) 构件生产采用闭合式的工厂化管理,颠覆了传统的生产模式。

(2) 生产全部实现机械化,部分实现自动化,人工劳动强度较小,生产效率高。

(3) 构件生产采用倾斜振动台,振动时间和振幅可调节,有效保证了混凝土振捣质量,产品的外观质量好。

(4) 构件养生采用自动温控系统,可准确控制养护温度、时间,实现操作、控制、记录全部自动化。

(5) 构件模具运输、回送形成闭合循环线路,使拆模区同浇筑区有效连接。

(6) 采用自动弯曲机加工半成品钢筋精度高、速度快。

六、综合分析

大西铁路客运专线首次推行高速铁路的预制构件工厂化生产,各标段的工厂在规划、生产设备研发等方面均有所创新,工厂化生产技术得到成功应用。以此为例,充分证明作业人员劳动强度低、劳动效率高,减少了用工成本,提高了生产产量,经济效益显著,为类似工程的施工生产提供了很好的参考。

第四节 混凝土叠合板案例分析

一、工程概况

(1) 工程概况表(表9-9)

表9-9 工程概况

序号	项目	内容
1	工程名称	X-1#住宅楼(限价商品房)等8项(顺义区仁和镇SY00-0005-6007、6005地块R2类居住用地项目)
2	工程地址	北京市顺义区某村
3	建设单位	北京某房地产开发有限公司

(2) 建筑结构概况表(表9-10)

表9-10 建筑结构概况

序号	项目	内容	
1	建筑功能	地下:停车及设备用房	
		地上:住宅	
2	建筑面积/m^2	49 206.3	
3	建筑层数	地下	1#、2#、3#楼及地下车库地下1层,4#、5#楼地下2层
		地上	1#楼地上9层,2#、3#楼地上7层,4#、5#地上15层
4	建筑层高(地上部分)	1#楼:1~8层2.8 m;9层2.89 m;机房层4.3 m。	
		2#、3#楼:1~6层2.8 m;7层2.89 m;机房层4.3 m。	
		4#楼:1~14层2.8 m;15层2.89 m;机房层2.42 m。	
		5#楼:1~14层2.8 m;15层2.89 m;机房层2.42 m。	

表 9-10(续)

序号	项目		内容
5	结构形式	基础形式	1#、2#、3#、4#、5#楼为CFG复合地基基础＋筏形基础,地下车库为筏板基础
		主体结构形式	剪力墙结构

(3) 预制构件工程概况

本工程预制构件包括预制楼板、空调板及楼梯踏步板。首层以上楼板为叠合板＋现浇层,叠合板厚度为 60 mm,现浇层厚度为 70 mm。预制叠合板强度为 C30。

二、施工总工序

施工总工序见图 9-38。

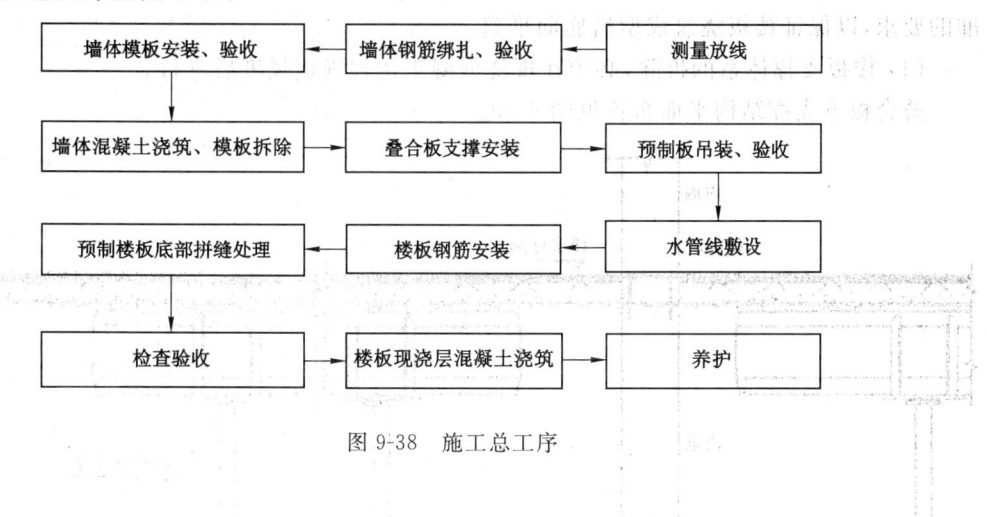

图 9-38 施工总工序

三、施工方法

(一) 叠合板进场验收

叠合板进场后,由技术、质量、材料、生产部门会同叠合板厂家工作人员对叠合板进行验收,每批进场叠合板需要附相应混凝土及钢筋试验报告。

检查叠合板完整性,是否缺棱掉角、缺少钢筋以及板材是否有裂缝等质量问题。如有缺棱掉角严重、缺少钢筋、板材有较大裂缝(裂缝允许宽度为 0.4 mm 以内)等问题,影响结构安全性,要求叠合板厂家对该块叠合板进行退场处理。核对叠合板编号及数量,是否与要求进场的数量一致。核实无误后,予以验收。

(二) 工艺流程

墙体大钢模拆除→弹水平控制线→凿毛,弹分隔线→叠合板支撑安装→叠合板吊装→水电管线敷设→楼板钢筋安装→预制楼板底部拼缝处理→检查验收→楼板混凝土浇筑→养护→上层墙体结构施工。

(三) 操作要求

(1) 弹水平控制线。墙体大模板拆除后,在混凝土墙上弹出水平标高控制线,要求墙体混凝土浇筑时上口平整,并控制好墙体钢筋的保护层厚度,浇筑高度应高于板底 20 mm。

（2）凿毛,弹分隔线。墙顶凿毛,剔除浮浆,露出石子,要求墙顶施工缝水平顺直,施工缝位置位于板底 5 mm 处,不得高于板底,并弹出叠合板分隔线。

（3）墙体两侧边模安装。采用 50 mm×10 mm 方木,与墙体接触面外贴 12 mm 厚多层板,并贴海绵条,防止漏浆;方木与叠合板接触的一面要求刨平,标高与钢木龙骨齐平;边模利用穿墙螺栓及钢管进行固定。

（四）叠合板支撑安装

（1）本工程楼层高度大部分为 2.80 m,叠合板总厚度为 130 mm;支撑立杆采用三脚架独立钢,立柱排距不大于 1 500 mm,纵距不大于 1 000 mm;主龙骨为钢木龙骨（截面为"几"字形）,间距不大于 1 500 mm,主龙骨悬挑长度不大于 500 mm。

（2）楼板支撑体系龙骨设置方向垂直于叠合板内格构梁的方向。

（3）楼板的支撑体系必须有足够的强度和刚度,楼板支撑体系的水平高度必须达到精准的要求,以保证楼板浇筑成型后底面平整。

（4）楼板支撑体系的拆除,必须在现浇混凝土达到规定强度后进行。

叠合板下支撑结构平面布置见图 9-39。

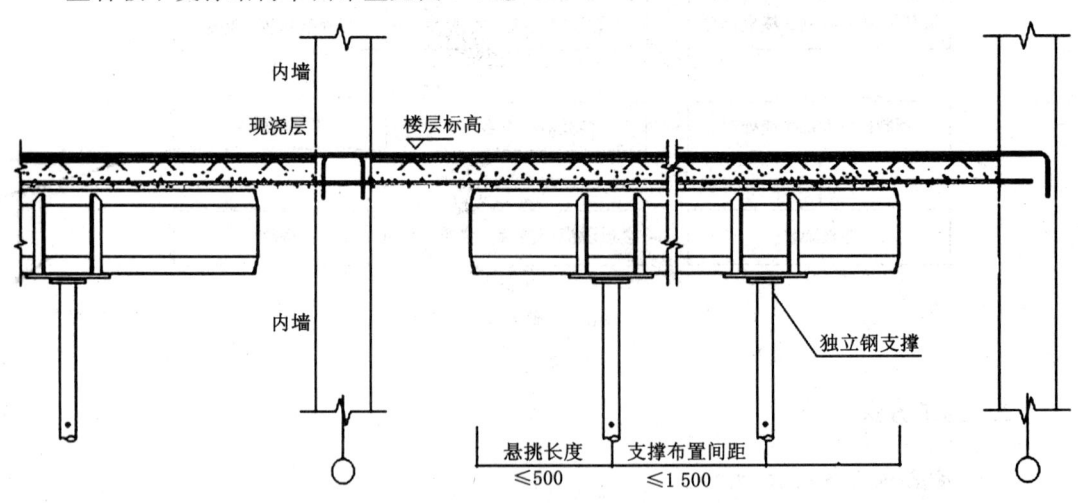

图 9-39 叠合板下支撑结构平面布置示意图

（五）现浇板及现浇带模板安装

模板面板采用 15 mm 厚多层板,主龙骨为 100 mm×100 mm 方木,次龙骨为 50 mm×100 mm 方木,支撑采用碗扣架支撑体系。

（六）预制板吊装

预制叠合板以就近原则进行吊装,现场 1#、2#、3#、4#、5# 楼塔吊均满足叠合板吊装要求。

（1）预制板的安装铺设顺序按照板的安装布置图进行。

（2）预制板吊装前应将支座基础面及楼板底面清理干净,避免点支撑。

（3）吊装时先吊铺边缘窄板,然后按照顺序吊装剩余的板。

（4）每块预制板起吊时用 4 个吊点,吊点位置见叠合板深化图,距离板端为整个板长的 1/4 到 1/5 之间。

(5) 吊装索链采用专用索链和 4 个闭合吊钩,多点均衡起吊使其均匀受力,单个索链长度为 4 m。

(6) 预制板铺设完毕后,板的下边缘不应该出现高低不平的情况,也不应出现空隙,局部无法调整避免的支座处出现的空隙应做封堵处理;支撑柱可以做适当调整,使板的底面保持平整、无缝隙。

预制板吊装示意见图 9-40。

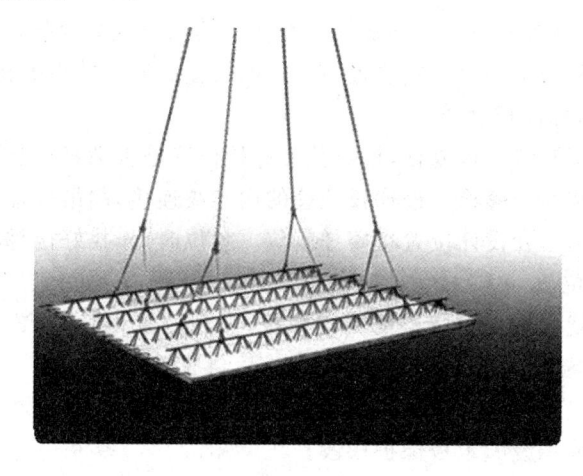

图 9-40 预制板吊装示意图

(七) 水电管线敷设

(1) 预制板吊装完成后,进行水电管线的敷设与连接工作。为便于施工,叠合板在工厂生产阶段已将相应的线盒及预留洞口等按设计图纸预埋在预制板中。

(2) 楼中敷设管线,正穿时采用刚性管线,斜穿时采用柔韧性较好的管材。应避免多根管线集束预埋,采用直径较小的管线,分散穿孔预埋。施工过程中各方必须做好成品保护工作。

(八) 预制板上层处理

(1) 水电管线敷设经检查合格后,钢筋工进行预制板上层钢筋的安装。

(2) 预制板上层钢筋设置在格构梁上弦钢筋上并绑扎固定,防止其偏移和混凝土浇筑时上浮。

(3) 对已铺设好的钢筋、模板进行保护,禁止在底模上行走或踩踏,禁止随意扳动、切断格构钢筋。

(九) 预制板底部拼缝处理

(1) 在楼板混凝土浇筑之前,应派专人对预制板底部拼缝及其与墙体之间的缝隙进行检查,对一些缝隙过大的部位进行支模封堵处理。

(2) 塞缝选用干硬性水泥砂浆并掺入水泥用量 5% 的防水粉。

(十) 叠合板混凝土浇筑

(1) 监理工程师复检合格后,方能进行叠合板混凝土浇筑。

(2) 混凝土浇筑前,清理叠合板上的杂物,并在叠合板上部洒水,保证叠合板表面充分湿润,但不宜有过多的明水。

(3) 混凝土振捣时,要防止钢筋发生位移。

(4) 布料机正下方 4 m 范围内楼板应采取加密处理,加密使用碗扣架以间距 900 mm×900 mm 布置。

四、楼梯吊装

楼梯吊装应在本层两个休息平台(含梯梁)混凝土浇筑、养护后进行,结构每增加一层吊装两跑楼梯板。

施工工序:控制线→复核→起吊→就位→校正→验收→成品保护。

(1) 控制线。在平台上划出安装位置(左右、前后控制线),并根据休息平台完成面标高的标定,在墙面上划出标高控制线。

(2) 复核。对各控制线进行复核,检查预埋螺栓位置是否满足安装要求。

(3) 起吊。将吊装专用螺栓与楼梯板预埋的内螺纹连接,起吊楼梯段。

(4) 就位。按照编号在设计位置将楼梯就位。就位时,先找好楼梯板的平面控制线,再缓缓下降楼梯吊装就位。

(5) 校正。基本就位后再用撬棍微调楼梯板,直到位置正确,搁置平实。安装楼梯时,应特别注意标高的正确性,下口用砂浆填实,校正后再脱钩。

(6) 验收。楼梯安装完毕后,由质检人员进行验收。

(7) 成品保护。采用废旧木板保护梯段。

五、主要节点施工做法

主要节点施工做法见图 9-41~9-47。

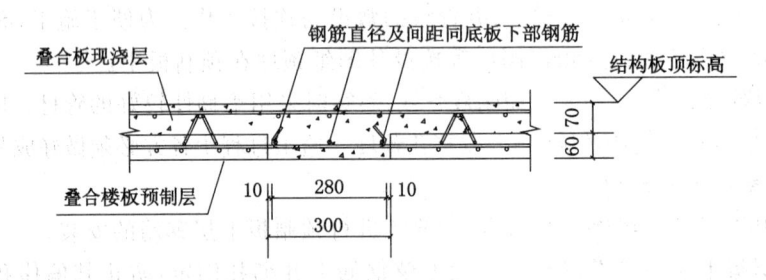

图 9-41 双向板拼缝做法

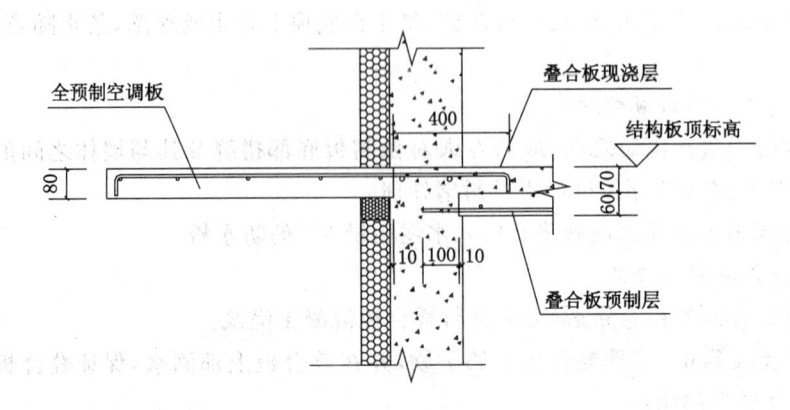

图 9-42 空调板搭接节点

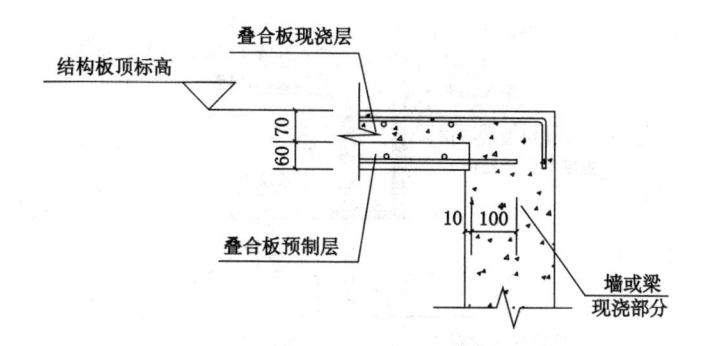

图 9-43 楼板搭接节点 1

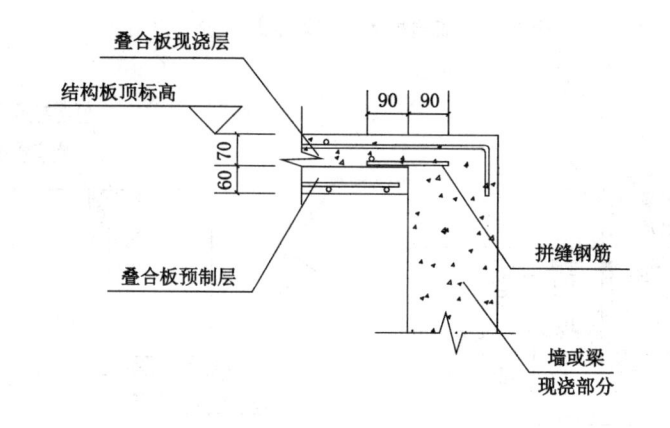

图 9-44 楼板搭接节点 2

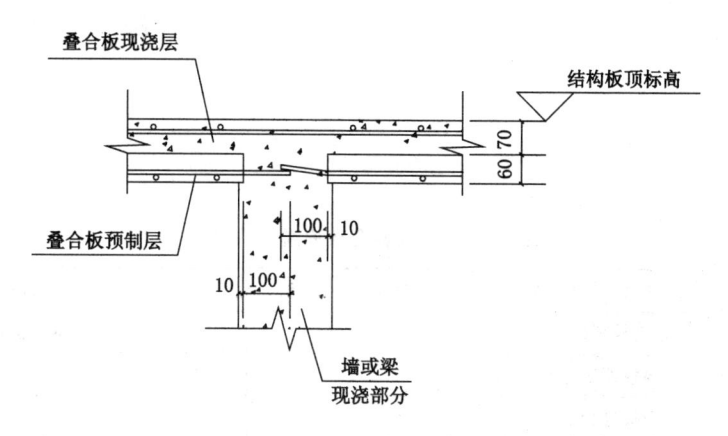

图 9-45 楼板搭接节点 3

六、质量要求

(1) 楼板安装施工完毕后,首先由项目部质检人员对楼板各部位施工质量进行全面检查。
(2) 项目部质检人员检查完毕并合格后报监理公司,由专业监理工程师进行复检。
(3) 预制叠合板安装允许偏差见表 9-11。

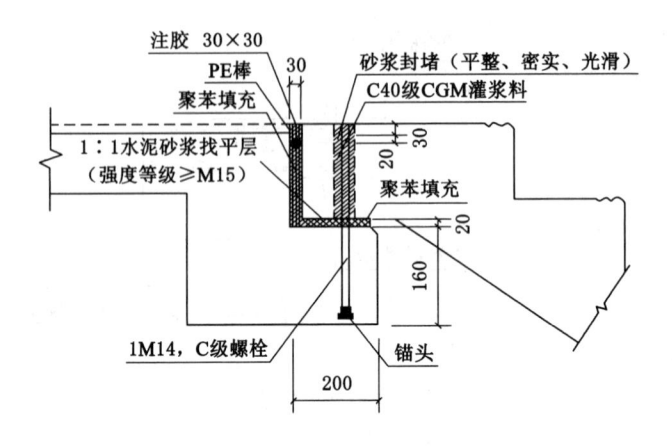

图 9-46 双跑梯固定铰端安装节点大样图

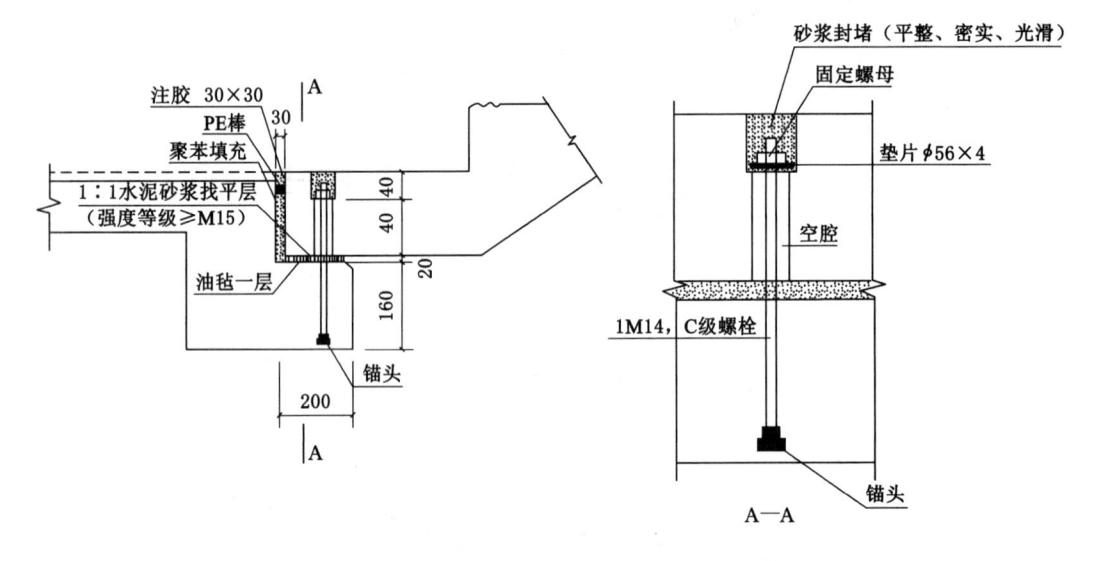

图 9-47 双跑梯滑动铰端安装节点大样图

表 9-11 预制叠合板安装允许偏差

序号	项目	允许偏差/mm	检验方法
1	预制楼板标高	±5	用水准仪或拉线、钢尺检查
2	相邻板面高低差	2	用钢尺检查
3	预制楼板拼缝平整度	3	用 2 m 靠尺和塞尺检查

七、消防、环保、绿色施工措施

(1) 本工程场地狭小，因此为了有效利用现有的场地、减小水土流失，现场的裸露地面全部采用混凝土进行硬化，形成路面及材料临时堆放场地。路面及临时地向排水沟找坡，以便雨水顺利排出。

(2) 沿基坑四周设置排水沟及沉淀池,雨水经沉淀后向市政污水口排放。经沉淀池沉淀后的雨水,可作为现场洒水降尘、车辆冲洗、混凝土养护等的水源。

(3) 现场路面的清扫、洒水降尘、排水沟清理、建筑垃圾、生活垃圾的清理工作由专业单位负责,确保现场整洁,符合绿色安全工地的要求。

第五节 预制混凝土外墙挂板案例分析

一、工程概况

工程位于北京市海淀区中关村软件园,建筑高度为20.7 m,地上5层,地下2层,首层层高4.2 m,2～5层层高3.9 m。建筑平面为矩形布置,轴网间距为8.4 m,主体结构为钢筋混凝土框架剪力墙,外墙采用清水混凝土挂板系统。建成的建筑外景和细部见图9-48、图9-49。

图9-48 建筑外景

图9-49 建筑细部

二、建筑外墙方案比较

此建筑外墙原设计方案拟采用石材幕墙系统,经过北京预制建筑工程研究院与业主及设计单位的协调,咨询方提出可采用预制混凝土外墙挂板系统方案,饰面为清水混凝土效果。通过对两种幕墙方案优缺点比较(表9-12),综合考虑外墙立面效果、墙身做法和性能、工程造价等因素,业主和设计单位一致认同咨询方的预制混凝土外墙挂板系统方案。

表 9-12 外墙方案优缺点比较

对比项目	预制混凝土外墙挂板系统	石材幕墙系统
立面效果	墙面单元整体预制,清水混凝土装饰效果,拼缝较少,非常适合此项目立面分格方案	石材分块较碎,不能体现立柱的挺拔感和整体单元的重复性
造价方面	清水混凝土板替代石材、龙骨、围护墙,安装简便,经济性好	石材幕墙系统龙骨及预埋件用量大,保温材料要求高,综合造价较高
防火性能	230 mm 厚清水混凝土挂板耐火性能突出	钢龙骨和预埋件防火性能较弱
构造细节	通过模板制作工艺将滴水、坡水、斜面、防水启口等细部整体预制	细节做法较复杂
安装方面	节点简单便于操作,吊装一次便可完成安装,安装效率高	因分块很碎,埋件龙骨较多,安装步骤复杂,工作量大,效率低

三、外墙挂板分格方案优化

立面分格方案的优化有利于提高预制建筑项目的技术经济性和实施效果。依据此项目的立面造型特点,对立面分格方案进行对比研究。

方案一是以一个窗口为预制单元的分格方案,见图 9-50。方案二是以两个窗口为预制单元的分格方案,见图 9-51。

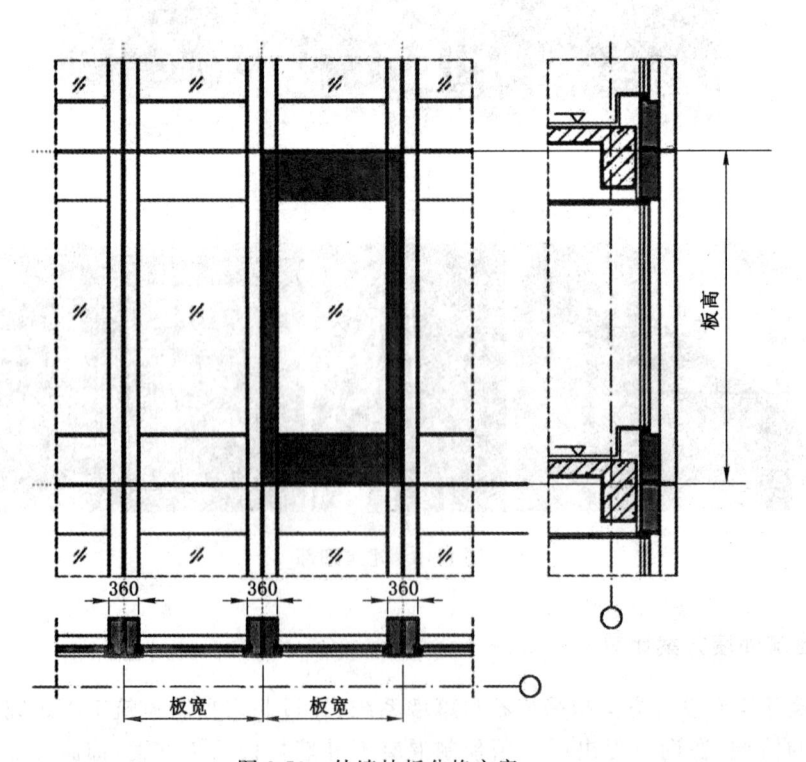

图 9-50 外墙挂板分格方案一

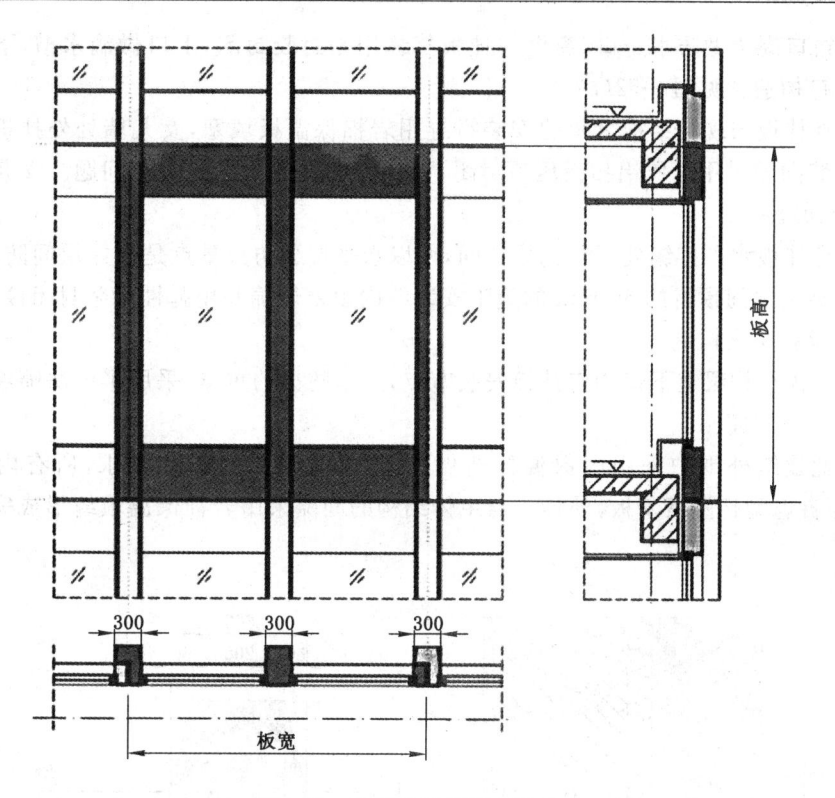

图 9-51 外墙挂板分格方案二

根据立面效果、原方案设计改动量、结构埋件预留数量、生产效率和安装效率等 5 个方面对两个方案进行比较,见表 9-13,可知方案二优于方案一。最终的优化方案得到了业主和设计方的一致认同。

表 9-13 立面分格方案比较

方案名称	立面效果	立面改动	预埋件数量	生产效率	安装效率
方案一	有明缝	多	多	较低	较低
方案二	无明缝	少	少	高	高

四、外墙挂板建筑构造设计

本工程建筑构造设计主要包括防水、防火、保温等,由于混凝土板厚度为 230 mm,外挂板自身的防水、防火性能优越,关键是做好接缝防水构造、节点防火和层间防火构造,具体做法如下:

(1) 所有接缝防水构造采用材料防水和构造防水相结合的方式,外挂板水平缝防水构造是在外挂板上下口预留启口,外挂板安装完成后在外侧填塞背衬材料,并用建筑密封胶封闭。水平缝构造图见图 9-52(a)。

(2) 挂板竖向缝为 L 形接缝,具有构造防水特点,外层用填塞背衬材料并嵌固建筑密封胶封闭。竖向缝构造图见图 9-52(b)。

(3) 窗口周边做防水企口，窗框与挂板接缝用密封胶封闭，上口做滴水槽，下口做坡水设计。窗口构造图见图9-52(c)。

(4) 外挂板与现浇结构之间的安装拼缝用岩棉保温板填塞，女儿墙处外挂板与现浇墙之间的安装间隙采用金属铝扣板压顶封闭，可有效解决朝天缝的防水问题。女儿墙构造图见图9-52(d)。

(5) 外挂板水平接缝处于结构梁中间，所以水平接缝防火重点是做好层间防火，在外挂板与主体结构之间预留的50 mm的施工安装缝内填塞岩棉并用弹性砂浆封闭接缝外口，这样兼顾保温和防火构造。

(6) 主体结构梁上下口均有挂板安装节点，这是防火的重点，采用半湿法喷涂岩棉的方式将安装节点封闭。

(7) 此建筑外围护采用内保温构造做法，符合建筑自身设计要求，所有内保温采用50 mm厚自熄型挤塑聚苯板，外挂板与主体结构的间隙采用岩棉保温填缝形成完整的保温体系。

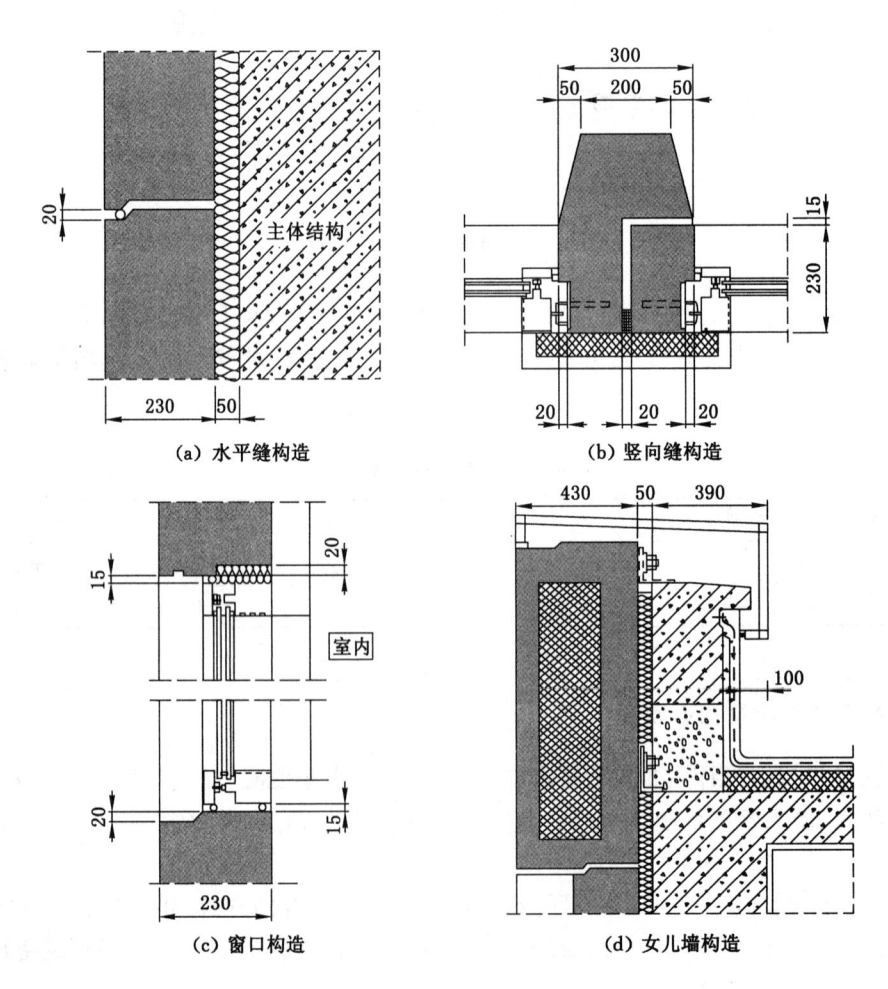

(a) 水平缝构造　　(b) 竖向缝构造

(c) 窗口构造　　(d) 女儿墙构造

图9-52　构造示意图

五、外墙挂板连接构造设计

混凝土外墙挂板的自重较大,在考虑地震设计的情况下,每块外墙挂板设 2 个牛腿支撑点,外墙挂板竖向荷载可通过结构挑出钢牛腿将自重传递给主体结构。水平荷载主要考虑外墙挂板自身重心偏移造成的水平力、水平地震效应和风荷载效应值的组合,每块外墙挂板设置了 4 个用于水平限位的拉压节点,用以承受平面外的荷载作用。当外墙挂板承受外力时节点能够自由滑动,较好地满足了挂板在温度或地震作用下产生的变位要求。经过设计优化和论证,得到外墙挂板节点连接构造图(图 9-53)。

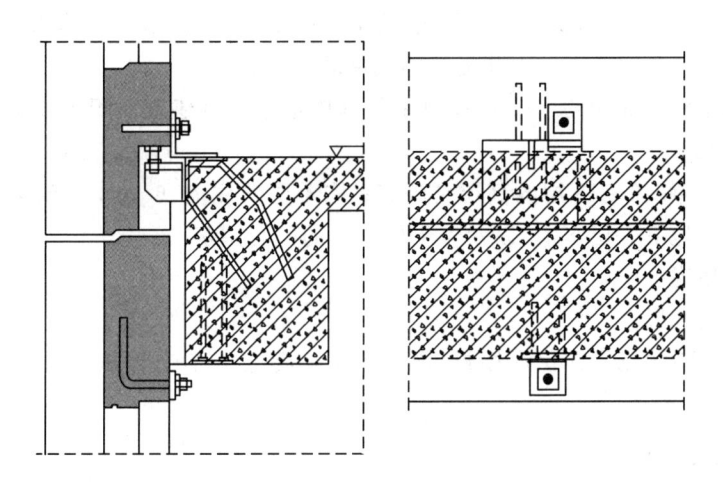

图 9-53 连接构造

由于该建筑平面尺寸较大,墙板的水平向和竖向均采用企口接缝。外墙挂板的安装顺序非常关键,设计阶段应考虑挂板安装顺序,竖向要求从低到高逐层安装,水平向应从 4 个角点向中间安装,经过反复研究和优化,确定平面安装动线(图 9-54)。

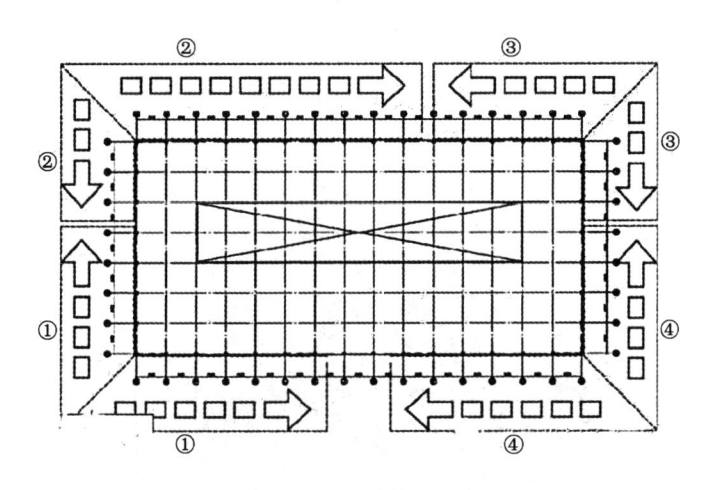

图 9-54 平面安装动线

第六节 夹芯保温墙板案例分析

一、工程概况

某区顾村镇项目,地处某区外环内,位于外环高架与南北高架交汇处西南侧。基地东西长约 306 m,南北长约 287 m。总建设用地面积为 70 210.4 m²。

工程名称:某区顾村镇项目。

工程地址:某区,东至富长路,南至联谊路,西至共宝路,北至联汇路。

结构形式:2#~36#楼均采用装配整体式夹芯保温剪力墙结构。

建筑面积:总建筑面积约 194 121.21 m²,其中地上计容建筑面积 126 378.72 m²,地下建筑面积约 64 183 m²。

建筑层数:11 栋 16~18 层的高层住宅、19 栋 4 层的住宅、6 栋 3 层的多层住宅、1 栋 2 层物业用房、集中地下一层车库,以及若干栋 1 层的配套用房。

主要功能:住宅。

单体预制率:45%。

预制构件类型:预制夹芯保温墙板、预制外隔墙板、预制叠合楼板、预制阳台、预制凸窗、预制楼梯等。

二、工程特点

该工程应用预制夹芯保温墙板技术、构件精细化安装定位技术、全过程信息化精益建造管理技术等,解决项目实际问题,把控项目质量,推进项目实施。

三、预制夹芯保温墙板技术

工程采用预制夹芯保温外墙,夹芯保温板由 60 mm 外叶墙板、40 mm 夹芯保温板及 300 mm 内叶墙板组成。

经综合比选,夹芯保温墙体中采用哈芬连接件,在保证墙体热工性能的同时保证内、外叶墙体连接的可靠度。预制夹芯保温墙板设计见图 9-55,施工图见 9-56。

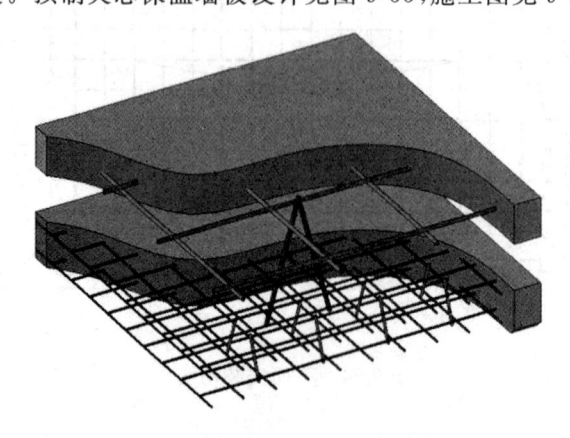

图 9-55 预制夹芯保温墙板设计图

图 9-56 预制夹芯保温墙板施工图

四、构件精细化安装定位技术

为确保预制构件吊装精确定位,采用钢套板进行钢筋定位。钢套板以构件厂模具图为准进行深化,钢套板编制单独编号,所有钢筋孔洞采用激光开洞,确保施工精度。

五、全过程信息化精益建造管理技术

精益建造可视化管理平台可辅助业主、总包、构件厂实现工业化建筑建造全过程的高效精准管理。通过在预制构件中预埋 RFID 芯片实时追踪和反馈构件状态信息。

通过平台准确安排构件供货计划。平台集成设计、施工全信息,通过网页或手机,快速查验预制构件验收信息及影像。轻量化建筑信息模型上线,实现构件状态可视化,可掌握最新进度信息。

第七节 叠合板结构案例分析

一、工程概况

某公租房坐落于合肥市经济开发区,总建筑面积约 1 700 m^2,地上 18 层,主体结构为叠合板结构。该建筑为安徽省首幢 18 层装配式高层公租房,主体结构将全部采用装配式叠合楼层板、大部分采用装配式叠合墙板及全预制楼梯吊装施工。

实现住宅产业化要做到住宅设计的标准化、部品部件生产的工厂化、现场施工的装配化和土建装修的一体化,"四化"是我国住宅产业化的核心内容,而该幢装配式公租房从真正意义上实现了住宅产业化的"四化"。

(1) 住宅设计的标准化。从建筑设计到装修设计,再从施工图设计转换到叠合楼板、叠合墙板和预制楼梯等实现了标准化。尤其叠合楼板、叠合墙板和预制楼梯等部品的设计真正实现了标准化、通用化和模数化。

(2) 部品部件生产的工厂化。主结构的部品部件的工厂化生产大大提升了公租房的结构质量,构件的垂直度、平整度、混凝土的质量、格构钢筋标准等都得到了有效控制。工厂化生产可有效避免因天气问题导致现场不能正常施工,可以做到提前根据计划进行生产和预制部品部件,大大节省了工期,避免了天气的不可抗力。另外,结构部品部件的工厂化生产可以避免建筑垃圾的大量产生造成环境污染,又因叠合板的养护为 24 小时无水养护,从而缩短了混凝土的养护时间并避免了大量的污水产生。

(3) 现场施工的装配化。因该建筑主结构体系的墙板、楼板、楼梯等实现了现场装配化吊装施工,从而真正实现了建筑主结构体系的装配化,起吊设备为两台 QTz80 塔机。按建筑面积来计算,楼板实现了 100% 预制装配化,墙板实现了 50% 预制装配化,楼梯实现了 100% 预制装配化。

(4) 土建装修的一体化。该公租房为全装修,因其采用工厂化预制构件,从而使墙面、楼板面的平整度得到了大幅提升,墙面、顶板无须粉刷找平,所有公租房的尺寸均为标准户型,从而使土建装修一体化的难度大幅度降低。另外,土建装修一体化可以实现节材和避免大量建筑垃圾的产生,也避免了因装修时间不一致造成的噪声扰民。

二、装配式叠合板结构体系的优点

装配式叠合板结构体系与传统结构体系对比具有以下优点:

(1) 结构质量明显提升。因该建筑楼层板和墙板采用工厂化预制和装配式吊装施工,实现了标准化、模数化、通用化。通过实测证明,叠合板结构体系的结构质量等重要指标明显优于传统的结构体系,如墙面垂直度、楼层平整度、建筑物垂直偏差、电梯井井筒垂直度偏差等相关参数较传统建筑有了明显的改善。

(2) 施工安全性有效提高。采用叠合板结构体系使模板量大量减少,尤其是外墙、电梯井内墙等模板施工难度大、安全维护较难的部位,降低了模板安装和拆除过程的安全风险,降低了安全管理难度。相对传统钢管脚手架,叠合板支撑体系不需要专业架子工架设,操作简易,质量更易控制,安全可靠性更高。

(3) 施工周期明显缩短。叠合板结构施工工期在第九层时缩短至每层 5 天,短于同体量传统结构体系单层施工工期。叠合板结构体系的水电管线预埋工作在结构施工中基本完成,同时可省去墙面粉刷工序,在结构封顶后更可体现工期优势。旁边同体量的公租房工期为 540 d,该公租房工期为 360 d,缩短了 1/3。

(4) 施工难度大幅降低。叠合板结构体系采用机械化吊装施工,大幅降低了施工人员工作强度。大量水电管线预留洞口在工厂内埋设,避免了传统结构体系水电安装施工可能出现的二次开孔、开槽及不当施工而导致的质量问题。因脚手架支撑体系简化,故操作简单。叠合板支撑体系工作量不足钢管支撑体系的 1/5,极大地减少了支撑周转消耗的人力,同时,较大的支撑间隙给施工人员提供了更大的操作空间。

在后期墙体及楼顶粉刷施工过程中,由于该结构体系无须再进行粉刷找平施工,只须涂料施工即可,从而节省了大量的砂浆和人力,大大降低施工难度,室内面积也得到了有效增加。

(5) 建造成本有效可控。内支撑钢管减少 80%,内支撑扣件减少 90% 以上,内支撑钢管扣件租费比传统方式减少 40%。因模板工程量减少,每层与同体量传统结构体系相比,减少模板约 1 250 m²。单层较同体量传统建造方式相比,木模板用量减少 85% 以上,同时,也减少了模板的切割和支撑所需的大量人力。经计算,该项目减少方木使用量约 155 m³,减少木模约 100 m³,共计 255 m³。在主体建造时,每层的各道工序所需的人力是同体量传统住宅的 60% 左右。

经综合测算,该幢公租房单位面积建造成本比同区域传统建筑方式的成本高 5% ~ 10%。如果同时建造两至三幢该类公租房,将会摊薄项目管理成本、临时设施投入成本,同时合理安排各班组人工流水作业,基本可以实现与传统建筑成本持平。

(6) 实现低碳节能环保。因大量减少木模和钢管脚手架内支撑施工,产生污水也大量减少,大部分为吊装干作业,用电量和用水量也有了大幅减少,现场建筑垃圾大量减少,噪声量及持续时间也大幅降低,是名副其实的低碳节能环保住宅。

三、推广应用前景

(1) 该装配式公租房在建造过程中达到了绿色建筑节能、节地、节水、节材、减少污染、保护环境、改善居住舒适性和健康性、适用和高效的使用空间等相关要求。

(2) 该装配式公租房的建造实现了标准化、通用化、模数化。国务院办公厅《关于推进住宅产业现代化提高住宅质量的若干意见》和建设部《关于加强技术创新工作的指导意见》要求,住宅部品必须向标准化、系列化、规模化、产业化、模块化、通用化发展。该装配式公租房为全装修,从设计的标准化到构件的工厂化生产预制、后期的全装修实现了标准化、通用化、模数化。

(3) 该公租房从主体结构件的工厂化预制到现场施工的装配化,再到后期的全装修整个过程真正做到了低碳、环保、节能。

(4) 该结构体系可广泛用于标准户型的保障房建设。标准户型的保障房可以实现标准化设计和构件通用化和模数化。

(5) 对施工现场环保严格要求后将会全面推广应用。随着建筑施工现场文明施工要求的提高、对现场环保标准要求的进一步提升,传统的建筑施工无法解决这些问题,而该幢装配式公租房的施工采用了构件工厂化、现场装配式施工,大大减少了现场水污染、建筑垃圾污染,有效地解决了施工现场环保难题。

(6) 劳动人工成本快速上涨有利于该体系的快速推广。随着用工成本的进一步上涨,占建筑成本 30% 的人工成本的比重还将进一步提升,而装配式施工主要利用机械化施工,从而大大降低了主体建造时工人数。同时,由于叠合板的表面平整度较高,在后期墙体及楼顶粉刷施工过程中,该结构体系无须进行粉刷找平施工,只须涂料施工即可,大大降低施工难度,从而节省了大量人力。

第八节　钢筋套筒灌浆连接案例分析

一、工程概况

工程名称:荣盛隽峰项目。
工程地点:南京市江宁区隽峰项目。
建设单位:南京荣钰置业有限公司。

设计单位:南京长江都市建筑设计股份有限公司(高层);江苏龙腾工程设计股份有限公司(洋房)。

施工单位:荣盛建设工程有限公司。

本工程灌浆连接形式主要有钢筋套筒灌浆连接(个别构件水平钢筋采用全灌浆套筒连接)和钢筋浆锚搭接连接。钢筋灌浆套筒选用规格主要为 GT12 连接套筒、GT16 连接套筒,钢筋浆锚套筒选用 $\phi 40$ mm 金属波纹管。钢筋灌浆套筒注浆形式优先选择连通腔灌浆方式,钢筋浆锚套筒选用座浆后单个套筒逐个灌浆的方式。

二、施工准备

(1) 图纸设计灌浆料为 CGMJM-V1 型钢筋接头灌浆料,灌浆料的 28 d 强度须大于 85 MPa,24 h 竖向膨胀率在 0.02%～0.5%,本灌浆料正常施工温度为 5～40 ℃。袋装灌浆料分批次进场,确保每批次在三个月内用完,进场袋装灌浆料统一堆放在库房内,根据每日所需用量办理出库手续;每日未用完灌浆料放回库房内,避免被水浸泡后失效造成浪费。

(2) 施工设备和器具有:JM-GJB5C 灌浆机,量程为 30～50 kg、精度 0.01 kg 的电子秤(用于称量水及灌浆料),带刻度的 2 L 塑料杯,容积为 200～300 L 的塑料桶,筛网,手持式砂浆搅拌器(可调速),堵孔塞(足量),水桶若干。

(3) CGMJM-V1 型钢筋接头灌浆料加水量为灌浆料质量的 8%～12%,搅拌时间应在 5 min 以上,以搅拌均匀无结块为准,静置约 2 min 排气,然后装入灌浆机中进行灌浆作业。拌合用水应采用饮用水,使用其他水源时,应符合《混凝土用水标准》(JGJ 63)的规定。

(4) 按照设计灌浆要求进行试验灌浆,以确定灌浆压力、灌浆配合比等数据是否满足设计要求。通过吹风办法确定灌浆孔通畅,检查是否污染,表面混凝土是否坚实,在灌浆前 24 h 应充分浇水湿润,竖向构件应用同结构、同强度或提高一个强度等级的水泥砂浆或细石混凝土密封,一天后方可灌浆。灌浆顺序按照由外向内的设计要求,按照图纸设计拆分图编号,及时做好施工质量记录。

(5) 人员配备:每栋单体灌浆作业需要 2 名专业工人配合作业。

三、工艺要求及施工方法

1. 工艺要求

(1) 根据结构、建筑的特点将内墙、外墙、楼梯、阳台、飘窗、叠合板等构件进行拆分,并制订生产及吊装顺序,在工厂内进行标准化生产,由现场每栋楼配置的塔吊进行构件装卸及安装。

(2) 预制墙体纵向钢筋套筒连接采用半灌浆套筒连接,灌浆形式优先选用连通腔注浆形式,连通灌浆区域内任意两个灌浆套筒间距不超过 1.5 m;若墙体尺寸较长,预制墙体纵向钢筋套筒连接需要划分连通灌浆区域,采用座浆料进行分仓封闭,与墙体外围封堵材料形成密闭空腔;座浆材料的强度等级不应低于被连接构件混凝土的强度等级并应满足要求。

(3) 钢筋套筒灌浆连接接头应采用水泥基灌浆料,灌浆料的物理、力学性能应满足国家现行相关标准的要求。

2. 工艺流程及施工方法

工艺流程:清理并封堵→拌制灌浆料→浆料检测→灌浆→封堵出浆孔→试块留置→清

理灌浆机。

（1）封堵。预制墙板校正完成后，使用塞缝料（塞缝料要求早强、塑性好，采用干硬性水泥砂浆进行周边座浆密封）将墙板其他三个面（外侧已贴橡胶条）与楼面间的缝隙填嵌密实；墙体长度需要划分连通灌浆区域时，在预制墙体吊装就位前，采用座浆材料进行分仓处理，与预制墙体吊装就位后的外围封堵材料形成封闭连通空腔。

对于金属波纹管浆锚搭接，在预制墙体吊装就位前，采用座浆料进行座浆处理，在进行注浆作业前至少一天，采用封堵材料封堵墙体外围。

（2）拌制灌浆料。灌浆应使用灌浆专用设备，并严格按设计规定配比方法配制灌浆料。将配制好的水泥浆料搅拌均匀后倒入灌浆专用设备中，保证灌浆料的坍塌度。灌浆料拌合物应在制备后 0.5 h 内用完。

（3）浆料检测。检查拌合后的浆液流动度，保证初始流动度不小于 300 mm、30 min 流动度不小于 260 mm。

（4）灌浆。将拌合好的浆液导入灌浆泵，启动灌浆泵，待灌浆泵嘴流出浆液成线状时，将灌浆嘴插入预制剪力墙预留的灌浆孔（下方预留孔）进行灌浆。

对于剪力墙钢筋套筒灌浆按中间向两边扩散的原则开始一点灌浆，按照技术规程要求，灌浆分区的长度以任意两个灌浆套筒间距不超过 1.5 m 为准；进行一点灌浆时，按照浆料排出先后顺序进行出浆孔、灌浆孔封堵，在此期间保持注浆压力，直至所有出浆孔、灌浆孔出浆并封堵牢固后停止注浆；当一点灌浆遇到问题需要改变灌浆点时，各灌浆套筒已封堵的灌浆孔、出浆孔要重新打开，待改变灌浆点后灌浆料再次流出、进行二次封堵。

对于金属波纹管浆锚搭接灌浆，采取单个套筒逐个灌浆的方式，从灌浆孔注浆，待出浆孔完整出浆后进行封堵，并封堵灌浆孔。

对于飘窗拆分后连接区域水平钢筋全灌浆套筒灌浆作业，应在相邻两个拆分飘窗安装就位后安装全灌浆套筒，然后开始绑扎此部位钢筋，在此连接区域内完成钢筋绑扎作业后开始灌浆作业（通过箍筋绑扎固定全灌浆套筒连接接头），采用人工手动注浆形式（通过手动灌浆枪）进行注浆作业。由于本工程飘窗二次拆分现浇连接区域宽度仅 520 mm，每个连接区域注浆完成后无须进行其他固定处理措施，但为防止其他施工作业误碰，在全灌浆作业完成后，在其相邻部位粘贴警示标志，内容涵盖灌浆完成时间和可以触碰进行下道工序的最早开始时间。

接头灌浆充盈度检查：在构件完成注浆 5~10 min 后，逐个取下出浆孔封堵塞，检查孔内凝固浆料的位置，浆料上表面应高于出浆孔下缘 5 mm 以上，符合要求的再次进行出浆孔封堵，若有不满足要求的须进行补灌，向不符合要求的出浆孔内补灌浆料，采用手动灌浆枪（前端加细软管，便于孔内排气）进行补灌作业，随即封堵补灌的出浆孔。

灌浆后 24 h 内不得使构件和灌浆层受到震动、碰撞。本工程剪力墙钢筋套筒灌浆作业、金属波纹管浆锚灌浆作业须在上一楼层混凝土浇筑完成并具备上人条件后开始，防止本楼层其他工序作业造成已作业灌浆料在 24 h 内受到挠动破坏。

散落的灌浆料拌合物不得二次使用。灌浆操作全过程应由监理人员旁站，填写灌浆施工检查记录。

（5）封堵出浆孔。间隔一段时间后，上方出浆孔会漏出浆液，待浆液成线状流出时，立即塞入专用橡皮塞堵住孔口，施压 30 s 后抽出下方灌浆孔里的喷管，同时快速用专用橡皮塞堵住灌浆口。其他预制墙板预留灌浆孔依次同样灌浆,不得漏灌,每个预制墙板最好一次灌浆结束,不得进行间隙多次灌浆。

(6) 试块留置。灌浆作业应及时做好施工质量检查记录,留存影像资料,与灌浆套筒匹配的灌浆料依照每个施工段的所取试块组进行抗压检测。每栋每层为一个施工段,取样送检一次。每班灌浆接头施工时制作一组每层不少于三组 40 mm×40 mm×160 mm 的长方体试件,标准养护 28 d 后进行抗压强度试验;剪力墙底部接缝座浆料,每工作班应制作一组且每施工段不少于三组 70.7 mm×70.7 mm×70.7 mm 的立方体试件,标准养护 28 d 后进行抗压强度试验。座浆、灌浆强度应符合设计要求。灌浆及座浆同条件试块每施工段不少于 1 组;套筒灌浆连接应符合《钢筋机械连接技术规程》(JGJ 107)中Ⅰ级接头的性能要求及国家现行有关标准的规定。同种直径套筒灌浆连接接头,每完成 1 000 个接头时制作一组同条件接头试件做力学性能检验,每组试件 3 个接头。

3. 灌浆施工重点、难点控制

(1) 漏浆。

漏浆主要是由于墙体四周封堵不严或封堵材料强度不足发生滑移而造成的,处理不当会直接影响构件的连接质量和结构安全。针对不同情况应分别作出相应的处理,具体如下:

① 封堵不严造成的漏浆,可直接采用堵漏材料进行应急封堵。

② 封堵材料强度不足发生滑移造成的漏浆,采用堵漏材料进行应急封堵,并适当采取模板围堵加固。

③ 采用以上两种处理方法不能达到要求时,打开封堵材料,放空灌浆料,并采用大量清水冲洗干净,再重新封堵并灌浆。

(2) 灌浆孔、出浆孔不出浆。

灌浆孔未出浆而出浆孔正常出浆时,可认定此套筒内浆料饱满,无须处理,灌浆孔和出浆孔均未出浆时,用手动灌浆枪从灌浆孔进行补灌;灌浆孔出浆而出浆孔未出浆时,将手动灌浆枪前面加 5 mm 直径的软管,将软管从出浆孔直接伸入出浆孔内缓缓补灌,直至灌浆料灌满为止。

(3) 冬季施工。

冬季灌浆施工时的环境温度宜在 5 ℃ 以上,若环境温度不满足要求时最好不应进行灌浆作业;若受工序关系影响必须进行作业时(主要是飘窗二次拆分连接区域全灌浆作业),应采取热水(水温 20~30 ℃)拌制灌浆料(确保灌浆料温度不低于 15 ℃),每班拌制浆料须在 20 min 内用完,每个连接区域灌浆完成后对连接处采取覆盖保温措施,养护时间不少于 48 h,确保浆料强度达到 35 MPa,方能进行下道工序。

四、质量控制

1. 构件连接部位处理和安装

安装前,检查预制构件内连接套筒灌浆腔、灌浆孔和出浆孔无异物存在,清除构件连接部位混凝土表面的异物和积水,在水平面上安放一定数量的 10~20 mm 厚硬塑料垫块,确保灌浆连通腔最小间隙,需要设置分仓连通腔时,在分仓部位进行座浆处理(表面标高同硬塑料垫块上标高)。

2. 灌浆部位预处理和封堵质量

预制剪力墙要用具有密闭功能的封堵材料对四周进行封堵,必要时采用木方压在封堵材料外侧作为支撑;封堵材料不得堵塞灌浆孔,尺寸偏大的墙体连接面采用座浆料做分仓隔断,对可能出现的漏浆、灌浆不畅等意外情况制订处置预案;飘窗二次拆分连接区域安装全灌浆套筒,通过连接钢筋上标画的插入深度标记检查套筒位置正确性,套筒灌浆接头的灌浆孔和出浆孔端口超过套筒内壁最高处,两端密封橡皮圈位置正确、无破损。

3. 灌浆料加工制作

进入施工现场的灌浆料须具有产品合格证书、检验报告等一套出厂质量证明文件,并按照规范要求取样送检进行复试,合格后方能使用。

灌浆料须妥善保管,应存于室内干燥环境,防止受潮;每次使用前,确认灌浆料在产品有效期内,打开包装袋后,产品外观无异常,再制作浆料;制作浆料须使用干净的自来水、洁净的容器和准确的计量器具,以及符合产品加工要求的搅拌设备或机具,严格按照产品说明书进行浆料拌制;拌制浆料时须防止异物混入,及时清洗搅拌机具,禁止凝固或即将凝固的浆料混入拌制的浆料中;拌制成浆料后,盛放浆料的容器应加盖保护盖以防异物落入;每班拌制浆料后,在使用前需要检测流动度,符合要求方能进行灌浆作业,灌浆料应用电动搅拌器充分搅拌均匀,从开始加水至搅拌结束应不少于 5 min,然后静置 2~3 min,搅拌后的浆料应在 30 min 内使用完毕,以免因时间过长,引起灌浆料凝结,造成断孔。每个预制构件灌注总时间应控制在 30 min 之内。

4. 灌浆连接保证措施

采取定人、定量、定时、定工艺的措施保证灌浆连接质量。

灌浆作业由专业人员进行操作,并且在灌浆作业过程中由监理全过程监督,并填写灌浆作业施工检查记录;灌浆作业要在浆料允许操作时间范围内完成,并适当预留一部分需要处理意外事件的合理时间;在灌浆前结合灌浆设备性能、浆料需求量,浆料拌制和灌浆作业所需时间,合理安排浆料制作量和灌浆部位,杜绝把浆料可操作时间用到接近极限的情况发生;在灌浆作业过程中,要有防止突然断电的措施,如配备小型发电机。

灌浆时应连续、缓慢、均匀地进行,直至排气孔排出浆液后,立即封堵排气孔,中间不得间断,再将灌浆孔封闭,施压 30 s,再封堵下口。灌浆后 24 h 内不得使构件和关键层受到震动、碰撞。

5. 配合比抽查及试块制作

施工时经常抽检浆液的配合比,在记录表中填写抽检数据,灌浆时详细记录孔编号、施工时间、灌浆顺序、灌浆过程中的压力数值,杜绝灌浆过后补写施工记录,每一楼层划分为一个检验批,需制作 3 组边长为 40 mm×40 mm×160 mm 的长方体试块。

座浆料要选用具有密闭功能的专用材料,每一楼层划分为一个检验批,需制作 3 组边长为 70.7 mm×70.7 mm×70.7 mm 的立方体试块。

参 考 文 献

[1] 范幸义,张勇一.装配式建筑[M].重庆:重庆大学出版社,2017.
[2] 冯大阔,张中善.装配式建筑概论[M].郑州:黄河水利出版社,2018.
[3] 何关培.BIM 和 BIM 相关软件[J].土木建筑工程信息技术,2010,2(4):110-117.
[4] 江韩,陈丽华,吕佐超,等.装配式建筑结构体系与案例[M].南京:东南大学出版社,2018.
[5] 李建成.BIM 概述[J].时代建筑,2013(2):10-15.
[6] 王君峰,陈晓.Autodesk Revit 土建应用之入门篇[M].北京:中国水利水电出版社,2013.
[7] 曾桂香,唐克东.装配式建筑结构设计理论与施工技术新探[M].北京:中国水利水电出版社,2018.